黄河三角洲地区路基处理技术
研究与工程实践

高照祥　巴立秋　**主编**

中国海洋大学出版社
·青岛·

图书在版编目（CIP）数据

黄河三角洲地区路基处理技术研究与工程实践 / 高照祥，巴立秋主编. —— 青岛：中国海洋大学出版社，2024．7．—— ISBN 978-7-5670-3909-4

Ⅰ．TU472

中国国家版本馆 CIP 数据核字第 202493226U 号

黄河三角洲地区路基处理技术研究与工程实践

HUANGHE SANJIAOZHOU DIQU LUJI CHULI JISHU YANJIU YU GONGCHENG SHIJIAN

出版发行	中国海洋大学出版社
社　　址	青岛市香港东路 23 号　　　**邮政编码**　266071
网　　址	http：//pub.ouc.edu.cn
出 版 人	刘文菁
责任编辑	由元春　　　　　　　　　　**电　　话**　15092283771
电子信箱	94260876@qq.com
印　　制	青岛国彩印刷股份有限公司
版　　次	2024年7月第1版
印　　次	2024年7月第1次印刷
成品尺寸	185 mm×260 mm
印　　张	13.25
字　　数	250千
印　　数	1～1 000
定　　价	69.00元
订购电话	0532-82032573（传真）

发现印装质量问题，请致电0532-58700166，由印刷厂负责调换。

编委会

前　言

　　为了更好地交流黄河三角洲地区路基处理工程设计和施工方面的经验，提高广大设计和施工人员的技术水平，推动该地区路基处理技术的发展，在东营市城市建设发展集团有限公司的组织下，东营市勘察测绘院有限公司牵头组织多名一线工程技术人员，历时两年编写完成本书。

　　本书对黄河三角洲地区常见的各类路基处理方法进行了系统分类和归纳总结。第一章重点介绍了黄河三角洲地区的地质情况和路基处理发展现状；第二章概述了路基处理常用方法；第三至九章分门别类地介绍了各类路基的处理方法，并辅以具体的工程实例，进一步阐述了各类方法的应用情况及经验得失，以便清晰地反映实际状况。

　　本书提供了多个工程实例，均为近年来在黄河三角洲地区实施的、有代表性的工程，具有鲜明的地区特点及较高的技术水准，如机械振密排水固结处理吹填土路基的效果非常好，实用性强，应用前景广阔。本书内容翔实，图文并茂，立足工程实践，突出经验总结，能够对国内地质条件类似地区的路基处理工程设计、施工、管理方面提供有益的启发和借鉴。

　　由于时间仓促，对机械振密排水固结理论的分析未进一步深入，有待后续完善；部分项目鉴于检测数据不完整，未予以提供。

　　本书由高照祥、巴立秋任主编。第一章由高照祥、赵宇编写；第二章由巴立秋、彭飞编写；第三章由陈志民、张春安编写；第四章由郝婷婷、王干编写；第五章由解国军、李明编写；第六章由李春忠、李朔编写；第七章由吕庆平、任云吉编写；第八章由王桂林、彭飞编写；第九章由尚耀宪、巴立秋编写。全书由巴立秋、王桂林、赵宇、李春忠汇总及统编。

在编写过程中，本书得到了东营市城市建设发展集团有限公司、东营市勘察设计协会的大力支持，东营市市政工程有限公司的王延明、郭鑫，山东格瑞特公路工程有限公司的黄海江，山东鲁东交通建设集团有限公司的李伟为本书部分案例提供了相关资料，在此对以上单位和个人一并表示感谢。

由于编者水平有限，书中难免存在错漏和不足之处，恳请读者批评指正，以便后续更改。

《黄河三角洲地区路基处理技术研究与工程实践》编委会

2024年3月

目 录

第一章

≪≪ 绪 论

　　黄河三角洲，简称黄三角。地理学上的黄河三角洲仅指黄河在今山东省滨州市、东营市以下冲积而成的三角洲平原，是我国第二大河口三角洲，仅次于长江三角洲。黄河三角洲位于渤海湾南岸和莱州湾西岸，地处 $117°31'\sim119°18'$E 和 $36°55'\sim38°16'$N，主要分布于山东省东营市和滨州市境内，是由古代、近代和现代三个三角洲组成的联合体。黄河三角洲，是以东营市垦利区宁海为轴点，北起套尔河口，南至淄脉河口，向东撒开的扇状地形，海拔高程低于 15 m。

　　黄河三角洲的范围，有关部门根据不同历史阶段黄河尾闾摆动对三角洲影响的规律，界定以利津城为顶点，北起套尔河口，南至支脉沟口的扇形地带为古代千乘黄河三角洲，面积约 6 000 km²；以垦利宁海为顶点，北起套尔河口，南至支脉沟口的扇形地带为近代黄河三角洲，面积约 5 400 km²，其中 5 200 km² 在东营市境内；以垦利渔洼为顶点，北起挑河口，南至宋春荣沟之间的扇形地带为现代黄河三角洲，面积约 2 800 km²。我们一般所称的黄河三角洲，多指近代黄河三角洲。

　　黄河三角洲平原地势低平，西南部海拔11 m，最高处利津南宋乡河滩高地高程为 13.3 m，老董—垦利一带为 9～10 m，罗家屋子一带约为 7 m，东北部最低处小于1 m，自然比降为1/8 000～1/12 000。区内以黄河河床为骨架，构成地面的主要分水岭。

　　黄河三角洲是由黄河多次改道和决口泛滥而形成的岗、坡、洼相间的微地貌形态，分布着砂、黏土不同的土体结构和盐化程度不一的各类盐渍土。这些微地貌控制着地表物质和能量的分配、地表径流和地下水的活动，形成了以洼地为中心的水、盐汇积区，是造成"岗旱、洼涝、二坡碱"的主要原因。人类活动（黄河改道、修建黄河大堤、垦殖、城建、高速公路、海堤、石油开采等）在剧烈地改变着该区的微地貌形态，但其基本框架仍清晰可辨。

　　黄河三角洲是由黄河填海造陆形成的。由于黄河含砂量高，年输砂量大，受水海域浅，巨量的黄河泥沙在河口附近大量淤积，填海造陆速度很快，使河道不断向海内延伸，河口侵蚀基准面不断抬高，河床逐年上升，河道比降变缓，泄洪排砂能力逐年降低，当淤积发生到一定程度时则容易发生尾闾改道，另寻他径入海。每10年左右，黄河尾闾有一次较大的改道。

黄河入海流路按照淤积、延伸、抬高、摆动、改道的规律不断演变，使黄河三角洲陆地面积不断扩大，海岸线不断向渤海推进，历经150余年，逐渐淤积形成近代黄河三角洲。

黄河三角洲平均每年以2～3 km的速度向渤海推进，形成大片的新增陆地。其面积逐年扩大，生态类型独特，海、河相会处形成大面积浅海滩涂和湿地，成为东北亚内陆和环西太平洋鸟类迁徙的重要"中转站"和越冬、繁殖地。黄河三角洲地势西南高东北低，与黄河入海的方向相一致。受黄河尾闾摆动的影响，这里的地面形成许多沟壑交错的废弃河道及防水堤坝，虽经多年风雨剥蚀、人为填补，至今仍见岗、坡、洼相间分布的地形以及波浪涟漪状的地貌。

由于黄河三角洲地区地层为黄河三角洲冲（淤）积和海陆交互相沉积，地下水位高，土体含水量丰富，土质较差，承载力偏低。受地区岩土工程地质条件的复杂性、环境条件的复杂性、对路基认识相对薄弱、施工管理落后、岩土工程技术发展相对缓慢等因素的影响，路基处理的复杂多样性、不确定性及环境保护的严峻性等一系列理论与实际问题日益突出，亟须解决。

本书以此为背景，对多年工程的实践经验进行总结、分析与提升，并对黄河三角洲地区的路基处理技术与实践进行了系统研究与分析，为各具特色的沿河、沿江、沿海经济带以及各大城市圈在进入"十四五"时期后的高质量发展提供一定的技术指导。

第一节　地形地貌概况

黄河三角洲平原地区地处华北坳陷区之济阳坳陷东端，地层自老至新有太古界泰山岩群，古生界寒武系、奥陶系、石炭系和二叠系，中生界侏罗系、白垩系，新生界第三系、第四系；缺失元古界，古生界上奥陶统、志留系、泥盆系、下古炭统及中生界三叠系。其凹陷和凸起自北向南主要有埕子口凸起（东端）、车镇凹陷（东部）、义和庄凸起（东部）、沾化凹陷（东部）、陈家庄凸起、东营凹陷（东半部）、广饶凸起（部分）等。

黄河三角洲地势沿黄河走向自西南向东北倾斜，西部最高高程为 14 m，东部最低高程为 0 m，自然比降为 1/7 000。背河方向近河高、远河低，背河自然比降为 1/7 000，河滩地高于背河地 2～4 m，形成"地上悬河"。微地貌有五种类型：古河滩高地，占全市总面积的 4.15%，主要分布于黄河决口扇面上游；河滩高地，占全市总面积的 3.58%，主要分布于黄河河道至大堤之间；微斜平地，占全市总面积的 54.54%，是岗、洼过渡地带；浅平洼地，占全市总面积的 10.68%，在小清河以南主要分布于古河滩高地之间，在小清河以北主要分布于微斜平地之中、缓岗之间和黄河故道低洼处；海滩地占全市总面积的 27.05%，与海岸线平行，呈带状分布。

城市建设大部分区域的地貌以黄河三角洲下游冲（淤）积平原为主。该区域内地势总体平缓，以平原地貌为主。受黄河影响，地表受洪水的反复冲切和淤积重叠，形成复杂的微地貌，下部为海陆交互相沉积。其地势沿黄河走向自西南向东北，由高向低缓慢过渡，至海平面；黄河两侧呈现近河高、远河低的趋势，总体呈扇状由西南向东北微倾。

第二节　工程地质概况

黄河三角洲冲（淤）积平原地区地层主要为第四系冲积成因的黏性土、粉土和砂土，上覆一定厚度杂填土，基岩埋藏较深，通常在数百米以下。其所揭露的地表30 m深度所能涉及范围内的地层通常为黄河三角洲冲（淤）积和海陆交互项沉积。此外，随着城市港口码头、工业厂房建设用地需要，临海地区出现大面积的陆域吹填场地，临沟、塘、养殖池等场地上部多为换填场地。

自 20 世纪 90 年代至今，通过分析相关单位在黄河三角洲地区完成的上百份岩土工程勘察、工程地质与水文地质综合勘察报告资料（包括钻探与掘探剖面、室内岩土测试、现场触探与标准贯入、压缩试验等资料），并运用 20 世纪末第四纪地层划分研究成果，对该区软土空间分布、地质年代、物质成分、沉积相、物理力学性质及路基处理方法进行了综合整理、分析和研究。

一、空间分布特征

黄河三角洲地区软土分布面积约占总面积的 60%，平面分布和厚度不均匀。1855 年，海岸线以东地带，软土分布面积约占 85%，厚度较大；1855 年，海岸线以西地带，软土分布面积约占 40%，厚度较小。其软土厚度一般不超过 15 m，最小厚度为 4 m 左右，最大厚度为 20 m 左右且处于孤岛东北部附近。

二、物质成分、成因、层位与同位素年龄

黄河三角洲地区地下水位埋深仅 1.0～2.0 m，软土由近饱和到饱和的黏土、粉质黏土、淤泥、淤泥质土及粉质黏土组成。根据现有的同位素年龄，依据规范规定和地层划分，属全新世新近沉积土，是黄河河道摆动迁移，同时不断向海推移，随着地壳的下降而形成的陆上冲积与海水沉积的连续沉积体。软土岩性地层单位属全新世潍北组（Q_4^w），下伏晚更新世大站组（Q_3^d），并与大站组呈平等不整合接触。包括不具软土特征的粉砂在内，潍北组的平均厚度为 20 m 左右，除局部分 2～3 层土外，一般自下而上大致分 4 层（图 1-1）。

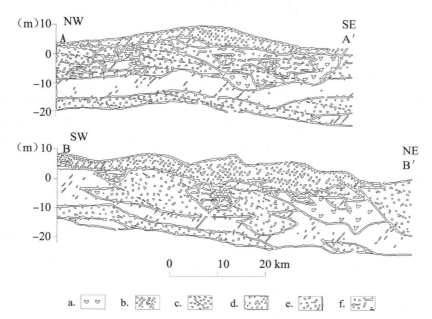

a. 淤泥（软土）；b. 黏土；c. 粉质黏土；d. 粉土；e. 粉砂土；f. 淤泥质粉土（软土）

图 1-1 黄河三角洲地区潍北组（Q_4^w）剖面图

第 4 层黄褐色粉土，底部发育黄绿色或褐黑色富有机质黏土、淤泥质土的透镜体，具背海倾斜的小型斜层理，产少量陆相介形虫及有孔虫化石，厚 2～7 m，平均厚 4.5 m。饱和粉土遇强地震易发生液化。

第 3 层浅灰色粉砂土，横向相变为褐黑色淤泥、淤泥质土，具有向海倾斜的斜层理，产腹足类及双壳类广盐性海相化石，^{14}C 年龄为（3 815±130）年，所含的淤泥、淤泥质土虽不连续，但厚度较大，压缩性最大。该土层所含淤泥及淤泥质土是最主要的软土层，厚 5～12 m，平均厚 8 m。本层土所含饱和粉砂是主要的地震振动液化路基土。

第 2 层青灰色粉质黏土，具背海倾斜的斜层理。其延伸稳定，厚 2～6 m，平均厚 4 m。

第 1 层黄灰～浅灰色粉砂，含贝壳等广盐性海相化石，具有向海倾斜的斜层理，主要分布于三角洲的中西部地带，平均厚 3.5 m。因该层粉砂土埋深大于 15 m，一般不发生地震液化。

下伏：褐黄色冲、洪积黏土夹砂～砾石层，为路基承载较高的中密、密实土层，其中黏土的路基承载力大于 110 kPa；砂、砾石层的胶结程度高且多呈密实态，路基承载力可达 260 kPa。

以近期东营某临海项目为例，其场地地质情况如下：该场地地形较为平坦，地貌由港池航道疏浚土充填而成，其中表层土层经过真空降水预压处理，上覆素填土，成分以粉土、粉质黏土及淤泥质土为主。勘探孔孔口高程为 4.77～5.72 m，平均为 5.08 m。

第 1 层：素填土（Q_4^{ml}），灰黄色，以粉土为主，含少量建筑垃圾及贝壳碎片，土质不均匀，结构松散，由场地南侧港池航道疏浚土充填沉积、机械搬运而成，其为表层经过机械碾压处理，堆积时间约半年。场区普遍分布，厚度为 1.50～2.70 m，平均为 2.08 m。

第 2 层：淤泥质粉质黏土（Q_4^{ml}），灰褐色，流塑，土质不均匀，由海相自然沉积而成，含少量粉土团块及黑褐色有机质。有光泽，味臭，干燥后体积明显缩小。场区普遍分布，厚度为 4.70～4.90 m，平均为 4.76 m；层底标高为 -1.95～-1.63 m，平均为 -1.75 m；层底埋深为 6.40～7.40 m，平均为 6.83 m。

第 3 层：粉土（Q_4^{ml}），灰黄色，湿，中密，土质不均匀，局部含少量粉细砂，摇振反应迅速，无光泽反应，干强度低，韧性低。场区普遍分布，厚度为 3.40～3.90 m，平均为 3.59 m；层底标高为 -5.53～-5.16 m，平均为 -5.34 m；层底埋深为 10.10～11.00 m，平均为 10.42 m。

第 4 层：粉质黏土（Q_4^{mL}），褐灰色，软塑，摇振无反应，稍有光泽，干强度中等，韧性中等，土质不均匀。场区普遍分布，厚度为 4.40～5.10 m，平均为 4.84 m；层底标高为 −10.31～−9.93 m，平均为 −10.19 m；层底埋深为 14.70～16.00 m，平均为 15.27 m。

第 5 层：粉土（Q_4^{mL}），灰黄～灰色，湿，密实，含少量贝壳碎片，土质不均匀，局部夹粉质黏土薄层。摇振反应迅速，无光泽反应，干强度低，韧性低。场区普遍分布，厚度为 3.90～4.40 m，平均为 4.08 m；层底标高为 −14.37～−14.15 m，平均为 −14.26 m；层底埋深为 19.00～20.00 m，平均为 19.34 m。

第 6 层：粉质黏土（Q_4^{mL}），灰黄色，可塑，摇振无反应，有光泽，干强度中等，韧性中等，局部夹黑色泥岩层，含少量贝壳碎片及钙质结核。场区普遍分布，厚度为 7.80～8.00 m，平均为 7.92 m；层底标高为 −22.28～−22.11 m，平均为 −22.19 m；层底埋深为 26.90～28.00 m，平均为 27.27 m。

第 7 层：粉土（Q_4^{mL}），灰黄～黄褐色，湿，密实，摇振反应迅速，无光泽反应，干强度低，韧性低，土质不均匀，局部黏粒含量较高。场区普遍分布，厚度为 5.00～5.50 m，平均为 5.27 m；层底标高为 −27.67～−27.26 m，平均为 −27.45 m；层底埋深为 32.30～33.00 m，平均为 32.53 m。

第 8 层：粉质黏土（Q_4^{mL}），灰黄～黄褐色，可塑，摇振无反应，有光泽，韧性中等，干强度中等，含少量钙质结核，土质不均匀，夹粉土薄层。在最大勘探深度 40.00 m 范围内，未穿透该层。

三、沉积相

区域内软土可分陆相沉积和滨海-浅海相沉积。前者以故河道冲积粉土、粉质黏土为主，含故河道洼地、背河槽洼地沉积的透镜状淤泥或黏土层，具倾角较大的背海斜层理；后者以滨海相、潟湖相及溺谷沉积的淤泥、淤泥质土为主，具倾角较小的向海斜层理，横向相变为浅海相无黏性的粉砂土层。

第三节　水文地质概况

由于黄河的多次改道，黄河三角洲地带地面略有起伏，多见岗地、坡地、洼地及河滩高地等微地貌景观。区内水系发育，为马颊河、徒骇河、黄河、小清河、弥河、白浪河、潍河等河流下游入海处。除黄河常年侧渗补给地下水外,其余河流仅汛期补给地下水。土性为以海积及冲积为主的黏性土夹薄层砂,除沿黄河故道主流带分布厚度不大的浅层淡水透镜体外,均无淡水。该区域深度在 1 000 m 内,地下水矿化度皆大于 3 g/L。

黄河三角洲地带的地表沉积物颗粒细小,地下水水平运动条件极差,南部冲积层地下水对该区地下水的补给微弱,垂直蒸发作用强烈,海水影响明显,所以地下水基本处于逐渐浓缩状态,形成与海水水化学特征基本相似的以氯化钠型水为主的高矿化水,矿化度可高达 50 g/L。在垂直方向上,地下水水化学也有一定的变化规律。关于土层的渗透性,总体而言,粉土层为主要透水层,渗透系数一般为 $(3\sim5)\times10^{-4}$ cm/s,透水性中等;粉质黏土层为弱透水层,渗透系数一般为 $(1\sim5)\times10^{-5}$ cm/s。

该区浅层地下水埋深普遍较浅,属潜水类型,含盐量较高。地下水观测资料显示,近 10 年地下水平均埋深为 0.1~2.5 m。地下水除受降水补给外,还受到引黄补给的影响。最低水位发生在 1~2 月,春灌后水位缓慢上升,至 8 月达到最高值。近 10 年来,地下水位呈下降趋势,地下水位累计下降 0.50~0.90 m。地下水位年变化幅度为1.0~2.0 m。

第四节　地震灾害与液化土特征

黄河三角洲地区的东营—海防一线以东和以西分别属于地震基本烈度 6 度区和 7 度区。根据抗震设防烈度一般取值原则,本区内的抗震设防烈度为 6~7 度。公元 692 年春,滨州(惠民)附近发生 5 级地震,震中烈度为 6 度。1969 年 7 月 18 日,渤海发生7.4 级地震时,在 7 度烈度区的新安附近,多处出现地裂缝和喷砂冒水现象,喷砂口的最大直径达 4 m;在六合村附近不仅有多处喷砂冒水,且有 256 m 长的黄河大堤发生沉陷,沉陷深度为 20~30 cm,临河 7~13 km 的堤坡普遍裂缝。因此,必须重视本区的震灾防治工作,各类土建工程的设计、施工及路基处理应严格执行建筑抗震设计规范。

第五节　土体工程特性

纵观黄河三角洲冲（淤）积平原地区土体的工程地质及水文地质概况，结合多年工程实践积累及室内外试验数据，总结出该地区土体特有的四点工程特性。

第一，地下水位高，水量丰富，补给快，大部分区域下挖 1 m 即见地下水，因此本地区绝大多数基础工程建设均涉及地下水的处理。

第二，土层总体分为粉土与黏性土"两层土"，一个是透水层，一个是相对不透水层，且两层间夹层、互层较多。浅层粉土多为黄河冲淤积的细颗粒物，摇振反应迅速，扰动后极易出现"液化"——水流出，土散架，呈流砂状态。同时，土质不均匀，夹黏土薄层，加之厚度不均，导致承载力不均衡，稳定性一般。而黏性土为新近沉积土，饱和，欠固结，含水量高，压缩性高，揭露后在荷载反复作用下呈现"橡皮土"，强度大幅降低，工程性能较差，浅层黏性土在沉降计算中一般为相对软弱下卧层。

第三，上部填土情况较复杂，其成因方式、填筑时间及组成不同，性状往往差别较大。有大面积低洼地整平回填的，也有局部沟塘回填的，有填筑时间 5 年以上的，也有刚填筑不足 1 年的。另外，土的组成也十分复杂，有黏土为主的、有粉土为主的、有掺杂建筑垃圾的、有淤泥质土的，等等。这种情况导致填土层一个场地一个性状，需进行有针对性的分析、研究、处理。

第四，吹填土情况十分复杂，大多为用挖泥船和泥浆泵把江河、港口或浅海底部的泥沙通过水力吹填而成，在吹填过程中，泥沙结构遭到破坏，以细小颗粒的形式缓慢沉积，因而具有塑性指数大、天然含水量和孔隙比大、高压缩性、低渗透性等特点。由吹填土构成的路基，其工程性质与吹填料的颗粒组成和沉积条件密切相关，一般情况下的路基强度很差，不能直接用于工程建设，需要进行路基处理。

由于本地区土体的特异性、多变性和工程的复杂性，在其上修筑道路、管线、建筑的构筑物，如不对其进行处理势必会引起过大的沉降或者不均匀沉降，严重的甚至会导致路基失稳。

第六节 路基工程的特点、发展现状及趋势

路基是按照路线位置和一定技术要求修筑的带状构造物，是路面的基础，承受由路面传递下来的行车荷载。路基贯穿公路全线，与桥梁、隧道相连，是构成公路的主体。

作为公路建筑的主体，路基具有以下特点：工程数量大、耗费劳力多、涉及面广、投资高等。以平原微丘区三级公路为例，每千米土石方数量为 8 000～16 000 m³，而山岭重丘区三级公路每千米土石方数量为 20 000～60 000 m³。据中华人民共和国成立以来的部分资料分析，一般公路的路基修建投资占公路总投资的 25%～45%，个别山区公路可达 65%。路基是带状的土工建筑，路基施工改变了原有地面的自然状态，挖、填、借、弃土对当地生态平衡、水土保持和农田水利等自然环境均有影响，因此，路基设计和施工必须与当地农田水利建设和环境保护相结合。

路基工程对工期影响大，在工程地质和水文条件复杂的路段，不但工程技术问题多，施工难度大，工程投资大，而且常成为影响全线工期的关键。路基工程质量对公路的质量和运营具有十分重要的影响，路基质量差，将引起路面沉降变形和破坏，增加养护维修费用，影响行车舒适安全和道路的服务水平。因此，对路基的设计和施工质量必须予以重视，确保工程质量。

当前，我国道路交通建设取得了显著成就。公路总里程已经达到了 60 多万千米，其中高速公路的建设规模居全球第一，在快速发展中成为世界上高速公路总里程最长的国家。这一成就离不开我国对路基发展的持续投入和不断创新。

我国采用了多种材料进行路基建设。传统材料如碎石、砂土以及混凝土等仍然是其主要选择，这些材料具有成本低、易获取等特点。然而，随着交通量和车辆重量的增加，传统材料的性能已经无法满足实际需求。因此，近年来，新型材料的研发和应用成了发展的重点。例如，水泥稳定碎石材料以其稳定性和抗压性能得到广泛应用，不仅能够减少施工成本，还能提高路面的承载能力和抗裂性能。

随着科技的进步和社会的发展，路基工程的未来将面临更高的要求和更大的挑战。以下是未来发展的几个趋势。

（1）智能化和数字化。随着物联网、大数据和人工智能技术的不断发展，智能化路基路面将成为未来的发展方向。智能化系统可以实时监测路面状况、交通流量等信息，提供更准确的交通信息和路况预警，以提高交通运输的安全性和效率。

（2）绿色环保。在未来的发展中，绿色环保将成为重要的考虑因素。新型环保材料的研发将推动路基的可持续发展。例如，可再生材料的应用以及利用废旧材料的再利用将成为关注的焦点。

（3）高性能材料的应用。未来路基路面的建设将更加注重材料的高性能特点。例如，高强度、高韧性、抗裂性能等都将成为材料设计的目标。这样可以提高路面的承载能力、抗压性能和耐久性，减少维护和修复的频次。

（4）自修复材料的发展。自修复技术是未来路基路面发展的一个热门领域。通过在材料中添加特殊成分，使其具有自愈合功能，能够自动修复裂缝和损伤，延长使用寿命，减少维护成本。

（5）智能施工和维护。未来施工和维护过程将更加智能化和自动化。例如，机械化设备的广泛应用，无人机技术的应用等，将大大提高施工和维护的效率，减少人力成本和施工时间。

路基作为道路交通建设的重要组成部分，随着社会的发展和科技的进步，未来将面临更多的挑战和机遇。智能化、绿色环保、高性能材料的应用以及智能施工和维护技术的发展将成为未来发展的重点。为了满足交通安全和出行的需求，路基路面的发展需要不断创新和改进，以确保道路交通的可持续发展。

尽管近20年来城市建设取得了飞速发展，但涉及路基处理相关的技术研究及技术发展仍落后于实际工程需求，而且黄河三角洲地区的科研院所较少，总体技术水平的滞后问题便更加突出，在理论研究、设计、施工方面仍存在较多问题。

多年路基工程实践表明，可行有效的办法是不断总结工程所在地的工程经验，取其精华，去其糟粕，总结出有针对性的软基处理对策，为黄河三角洲地区工程提供借鉴和指导。本书以此为出发点，抛砖引玉，希望可为同行提供参考，推动黄河三角洲地区路基处理技术水平取得更大进步。

第二章

<<< 路基处理

第一节　路基处理的目的及对象

一、路基的基本性能

路基的强度和稳定性是保证路面强度和稳定性的先决条件。提高路基的强度和稳定性，可以适当地减薄路面的结构层厚度，从而达到降低成本目的。因此，除了要求路基断面尺寸符合设计要求之外，还应满足以下几个要求。

（1）具有足够的整体稳定性。路基是在天然地面的基础上填筑或挖去一部分而建成的。路基建成后，改变了原地面的天然平衡状态，当地质不良或遭遇恶劣气候，新修的路基可能加剧原地面的不平衡状态，从而引发沉陷、滑坍等问题，造成路基损害。为了防止路基在行车荷载及自然因素作用下发生较大的变形和破坏，必须因地制宜，采取相应的措施来保证路基的整体稳定性。

（2）具有足够的强度和刚度。路基强度是指在行车荷载作用下路基抵抗破坏的能力。路基刚度是指在荷载作用下抵抗变形的能力。行车荷载及路基路面自重对路基下层及路基形成压力，使路基产生变形，影响其路面结构使用性能。

（3）具有一定的水温稳定性。路基在地面水及地下水的作用下，其强度会明显降低。特别是在冰冻地区，由于水温变化，路基产生周期性冻融循环，形成冻胀和翻浆，造成路基强度急剧下降。为了确保路基在不利的水温状况下强度不至降低，路基就应具有一定的水温稳定性。路基是道路建设的重要组成部分，如果在设计和施工时稍有不当就很容易产生各种问题，导致路基路面破坏，影响交通行车安全。路基在一个工程中往往占有很大比重，不管是填方还是挖方段路基，它所涉及的材料、人工、机械成本都是巨大的。怎样在现有的条件下完成最理想的路基工程，路基质量的控制就显得尤为重要。

二、路基处理的目的

路基处理的目的是利用换填、夯实、挤密、排水、胶结、加筋和热学等方法对路基土进行加固，用以改良路基土的工程特性。

（一）沉降处理

（1）加速固结沉降。加速路基沉降，减小有害的剩余沉降量。

（2）减小总沉降量。减小路基的沉降。

（二）稳定处理

（1）控制剪切变形。制止周围路基因路堤荷载作用发生隆起或流动。

（2）阻止强度降低。阻止因路堤荷载作用而使其强度降低，以求稳定。

（3）促进强度增长。加速路基强度的增长，以求稳定。

（4）增加抗滑阻力。改变路堤形状或换填部分路基，增加抗滑阻力以求稳定。

三、路基处理的对象

路基处理的对象主要是软弱路基和特殊性岩土。

软弱路基主要是由淤泥、淤泥质土、冲填土、杂填土或其他高压缩性土层构成的路基。

特殊性岩土是指在特定的地理环境或人为条件下形成的、具有特殊的物理力学性质和工程特殊性岩土，以及特殊的物质组成、构造的岩土。特殊土路基带有地区性的特点，包括软土、填土、盐渍土、湿陷性土、膨胀土、红黏土、多年冻土和污染土等路基。

黄河三角洲地区路基土常见软土（淤泥、淤泥质土）、人工填土（冲填土、杂填土、素填土）、高压缩性黏土或粉质黏土、盐渍土、垃圾土等。

（一）软土

软土是在静水或非常缓慢的流水环境中沉积，经生物化学作用形成的，其天然含水量大于液限，孔隙比大于1.0。当天然孔隙比大于1.5时，称为"淤泥"；当天然孔隙比大于1.0而小于1.5时，称为"淤泥质土"。软土的特点是天然含水量高、天然孔隙比大、抗剪强度低、压缩系数高、渗透系数小。在荷载作用下，软土路基由于路基承载力低、沉降大，可能产生的不均匀沉降也大，而且沉降稳定历时比较长，一般需几年甚至几十年。

黄河三角洲地区的软土主要分布在河口区、刁口乡、东营港经济开发区、仙河镇、孤岛镇、黄河口自然保护区、红光渔港、广利港等沿海地区。

（二）人工填土

人工填土按照物质组成和堆填方式可以分为素填土、杂填土、冲填土三类。

（1）素填土是由碎石、砂或粉土、黏性土等一种或几种组成的填土，不含杂质或含杂质较少。若经分层压实，则称为"压实填土"。近年来开山填沟筑地、围海筑地工程较多，填土常用开山石料，大小不一，有的直径达数米，有的填筑厚度达数十米，极不均匀。人工填土路基的性质取决于填土性质、压实程度以及堆填时间。

（2）杂填土是由于人类活动而任意堆填的建筑垃圾、工业废料和生活垃圾形成的填土。杂填土的成因很不规律，组成的物质杂乱，分布极不均匀，结构松散。杂填土的主要特性是强度低、压缩性高、均匀性差，一般还具有浸水湿陷性。

（3）冲填土是由水力冲填泥沙形成的填土。冲填土的物质成分是比较复杂的，以黏性土为主，因土中含有大量水分且难以排出，土体在形成初期常处于流动状态，强度要经过一定时间的固结才能逐渐提高，因而这类土属于强度较低、压缩性较高的欠固结土。另外，以砂或其他粗颗粒土所组成的冲填土不属于软弱土，因而冲填土的工程性质主要取决于颗粒组成、均匀性和排水固结条件。黄河三角洲地区的冲填土主要分布在滨州港及北海新区、东营港经济开发区、广利港、黄河沿线等地区。

（三）高压缩性黏土或粉质黏土

黄河三角洲地区第一海侵层（层底标高为 $-20\sim-15$ m）及以上部分主要是第四纪全新世中近期沉积的土，部分新近沉积的黏土或粉质黏土为高压缩性土。

（四）盐渍土

土中含盐量超过一定数量的土称为盐渍土。盐渍土路基浸水后，土中的盐溶解可能产生溶陷。某些盐渍土在环境温度和湿度变化时，可能产生体积膨胀，即盐胀。盐渍土还具有腐蚀性。因此，溶陷性、盐胀性、腐蚀性是盐渍土的主要特性。

黄河三角洲地区土中易溶盐含量大于 0.3% 的区域分布较广，但是该区域大部分粉土盐渍土的湿度为饱和状态，黏性土盐渍土状态为软塑和流塑，且硫酸钠的含量 $\leqslant$ 0.5%，可将其判定为非盐胀和非溶陷性盐渍土。对于非盐胀和非溶陷性盐渍土路基，除应采用防腐措施外，可按非盐渍土路基对待。

（五）垃圾土

垃圾土是指城市废弃的工业垃圾和生活垃圾形成的路基土。垃圾土的性质在很大程度上取决于垃圾的类别和堆积时间。

第二节　路基处理方法的分类、原理及适用范围

一、路基处理方法的分类

路基处理的分类方法多种多样，具体有以下几种。

（1）按时间分为临时处理和永久处理。

（2）按处理深度分为浅层处理和深层处理。

（3）按处理土性对象分为砂性土处理和黏性土处理、饱和土处理和非饱和土处理。

（4）按路基处理的加固机理进行分类，这是常见的路基分类方法。

因为现有的路基处理方法很多，新的路基处理方法也在不断发展，所以要对各种路基处理方法进行精确分类是很困难的，而且不少路基处理方法具有不同的作用，如碎石桩具有置换、挤密、排水和加筋的多重作用，土桩和灰土桩既有挤密作用又有置换作用。

二、路基处理方法的原理及适用范围

按照路基处理的作用机理进行分类，如表2-1所示，体现了各种路基处理方法的简要原理和适用范围。

表2-1　路基处理方法的分类、简要原理及适用范围

类别	方法	简要原理	适用范围
置换	换土垫层法	将软弱土或不良土开挖至一定深度，回填抗剪强度较高、压缩性较小的岩土材料，如砂、砾石、混渣等，形成双层路基。垫层能有效扩散基地应力，可提高路基承载力、减小沉降	各种软弱土路基
	挤淤置换法	通过抛石或夯击回填碎石置换淤泥达到加固路基的目的，也可采用爆破挤淤置换	淤泥或淤泥质黏土
	强夯置换法	利用边填碎石边强夯的方法在路基中形成碎石墩体，由碎石墩、墩间土以及碎石垫层形成复合路基，以提高承载力、减小沉降	粉砂土和软黏土路基

续表

类别	方法	简要原理	适用范围
置换	石灰桩法	通过机械或人工成孔，在软弱路基中加入生石灰或生石灰加其他掺合料，通过石灰的吸水膨胀、放热以及离子交换作用，改善桩与土的物理力学性质，形成石灰桩复合路基，提高承载力，减小沉降	杂填土、软黏土路基
排水固结	加载预压法	在路基中设置排水通道和竖向排水系统，以缩小土体固结排水距离，路基在填筑路堤荷载作用下排水固结，使路基承载力提高，工后沉降减小	软黏土、杂填土、泥炭土
	超载预压法	其原理基本与加载预压法相同，不同之处在于预压荷载大于设计使用荷载。超载预压不仅可以减小工后固结沉降，还可消除部分工后次固结沉降	软黏土、杂填土、泥炭土
	真空联合堆载预压	在软黏土路基中设置排水体系（同上），然后在上面形成一不透气层，通过长时间不断抽气抽水，在路基中形成负压区，从而使软黏土排水固结，达到提高承载力、减小沉降的目的，常与堆载预压联合使用	软黏土路基
	降低地下水位法	通过降低地下水位，改变路基土受力状态，其效果如加载预压，使路基土排水固结，达到加固目的	砂性土或透水性较好的软黏土路基
灌入固化物	深层搅拌法	利用深层搅拌机将水泥或水泥粉和路基土原位搅拌形成圆柱状、格栅状或连续墙式的水泥土墙体，形成复合路基以提高路基承载力，减小沉降，也常用它形成水泥土防渗帷幕。深层搅拌分喷浆搅拌法和喷粉搅拌法两种	淤泥、淤泥质土，有机质含量较高时需试验确定其适用性
	高压喷射注浆法	利用高压喷射专用机械，在路基中通过高压喷射流冲切土体，用浆液置换部分土体，形成水泥增强体。按喷射流组成形式，高压喷射注浆法有单管、二重管法、三重管法。高压喷射注浆法可形成复合路基以提高承载力，减小沉降	淤泥、淤泥质土，有机质含量较高时需试验确定其适用性
	挤密灌浆法	在灌浆压力作用下，向土层中压入浓浆液，在路基土中形成浆泡，挤出周围土体。通过压密和置换改善路基性能。在灌浆过程中因浆液的挤出作用可产生辐射状上抬力，引起地面隆起	常用于可压缩性路基、排水条件较好的黏性土路基

类别	方法	简要原理	适用范围
振密挤密	强夯法	采用质量为10～40 t的夯锤从高处自由落下，路基土体在强夯的冲击力和振动力作用下密实，可提高路基承载力，减小沉降	碎石土、砂土、低饱和度的粉土与黏性土、湿陷性黄土、杂填土和素填土等路基
	挤密砂石桩法	采用振动沉管法等在路基中设置碎石桩，在制桩过程中对周围土层产生挤密作用。被挤密的桩间土和密实的砂石桩形成砂石桩复合路基，达到提高路基承载力、减小沉降的目的	砂土路基、非饱和黏性土路基
加筋	加筋垫层法	在路基中铺设加筋材料（如土工织物、土工隔栅等）形成加筋垫层，以增大压力扩散角，提高路基稳定性	各类软弱路基
	低强度混凝土桩	在路基中设置低强度混凝土桩，与桩间土形成复合路基，提高路基承载力，减小沉降，如CFG桩	各类深厚软弱路基
	钢筋混凝土桩	在路基中设置钢筋混凝土桩，与桩间土形成复合路基，提高路基承载力，减小沉降	各类深厚软弱路基
	长、短桩复合路基	由长桩和短桩与桩间土形成复合路基，提高路基承载力和减小沉降。长桩和短桩可采用同一桩型，也可采用不同桩型。通常长桩采用刚度较大的型桩，短桩采用柔性桩或散体材料桩	各类深厚软弱路基

第三节　路基处理方案的确定

一、路基处理方案的确定需要考虑的因素

路基处理的效果能否达到预期的目的，首先有赖于路基处理方案的选择是否得当、各种加固参数的设计是否合理。路基处理方法虽然很多，但任何一种方法都不是万能的，都有其各自的适用范围和优缺点。除具体工程条件和要求不相同，地质条件和环境条件不相同，施工机械设备、所需的材料也会因提供部门的不同而产生很大差异外，施工队伍的技术素质状况、施工技术条件和经济指标比较状况都会对路基处理

的最终效果产生很大的影响。一般来说，在选择确定路基处理方案前应充分地综合考虑以下几个方面的因素：

（1）地质条件。勘察时应查明地形及地质成因、土层及软弱土层情况，路基土层在水平方向和垂直方向上的变化，提供路基土的物理力学性质指标，判别饱和粉土、粉细砂的液化可能性及地下水的腐蚀性。

（2）道路条件。道路性质、道路等级、所在路段等，这些因素决定了路基处理方案的制订。

（3）环境条件。随着社会的发展，环境污染问题日益严重，公民环境保护的意识也逐步提高，常见的与路基处理有关的环境污染主要有扬尘、噪声、地下水污染、振动及现场泥浆排放等。在路基处理方案确定过程中，应根据保护环境要求选择合适的路基处理施工方案。

（4）施工条件。施工条件主要包括用地条件、工程用料、施工机械及施工难易程度等因素。

（5）工程费用。经济技术指标的高低是衡量路基处理方案选择得是否合理的关键指标。在路基处理中，一定要综合比较能满足加固要求的各种路基处理方案，选择技术先进、质量保证、经济合理的方案。

（6）工期要求。保证路基加固工期不会拖延整个工程的进展。另外，如路基工期缩短，也可利用这段时间，使路基加固后的强度得到提高。

二、路基处理方案确定步骤

由于路基处理问题具有各自的情况，所以在选择和设计路基处理方案时，不能简单地依靠以往的经验，也不能依靠复杂的理论计算，还应结合工程实际，通过现场试验、检测和分析反馈不断修正设计参数。尤其是对于一些较为重要或缺乏经验的工程，在尚未施工前，应先利用室内外试验参数按一定方法设计计算，然后利用施工第一阶段的观测结果反过来分析基本参数，采用修正后的参数进行第二阶段的设计，然后再利用第二阶段施工观测结果的反馈参数进行第三阶段的设计，以此类推，使设计的取值比较符合现场实际情况。

在确定路基处理方案时，应根据工程的具体情况对若干种路基处理方法进行技术、经济以及施工进度等方面的比较，选择经济合理、技术可靠、施工进度较快的路基处理方案。

路基处理方案的确定可按以下步骤进行。

（1）搜集详细的工程路基、水文地质及路基基础设计资料。

（2）根据结构类型、荷载大小及适用要求，结合地形地貌、地层结构、土质条件、地下水特性、周围环境和相邻建筑物等因素，初步选定几种可供考虑的路基处理方案。

（3）对初步选定的几种路基处理方案分别从处理效果、材料来源和消耗、施工机械和进度、环境影响、经济效益等方面进行技术经济分析和对比，从中选择最佳的路基处理方案。

（4）对已选定的路基处理方案，根据建筑物的安全等级和场地复杂程度，可在有代表性的场地上进行相应的现场试验，其目的是检验设计参数、选择确定合理的施工方法，并检验处理效果。如果路基处理效果达不到设计要求，应查找原因并调整设计方案和施工方法。

路基处理设计施工程序框图，如图2-1所示。

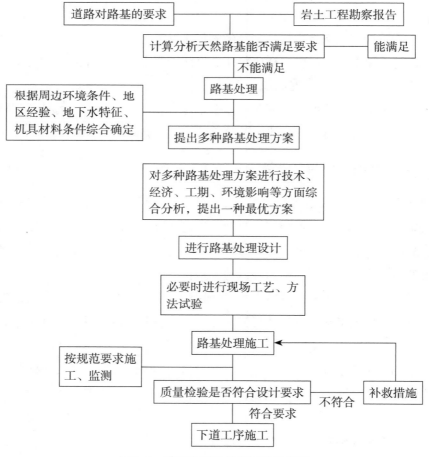

图2-1　路基处理设计施工程序框图

第四节　路基处理施工与检验

　　软土路基处理施工前应做好准备工作，收集并熟悉有关施工图、工程地质勘察报告、必要的土工试验报告和地下管线、构造物等资料。编制施工组织设计，检验有关原材料，调试施工机械设备，平整施工场地，确定合理的施工工艺流程及有关工艺参数。

　　施工过程中应贯彻边观察、边分析的动态控制方法，应做好施工原始记录和必要的观测记录。

一、垫层和浅层处理

　　砂砾垫层宜采用级配良好、质地坚硬的中粗砂或砂砾。砂的颗粒不均匀系数不宜小于 10，不得含有草根、垃圾等杂物，含泥量应不大于 5%。碎石垫层宜采用 5～40 mm 的天然级配，碎石最大粒径不宜大于 50 mm，含泥量应不大于 5%。

　　石屑垫层所用的石屑中，粒径小于 2 mm 的部分不得超过总重的 40%，含泥量应不大于 5%。矿渣垫层宜采用粒径 20～60 mm 的分级矿渣，不得混入植物、生活垃圾和有机质等杂物。粉煤灰垫层可采用电厂排放的硅铝型低钙粉煤灰，最大粒径不宜大于 2 mm，小于 0.075 mm 颗粒含量宜大于 45%，烧失量宜小于 12%。灰土垫层的石灰剂量（石灰占混合料总质量的百分比），消石灰宜为 8%，磨细生石灰宜为 6%。土料宜采用塑性指数大于 15 的黏性土，不得含有有机质，土料粉碎后土块粒径不宜大于 15 mm。石灰中氧化钙和氧化镁的含量不应低于 55%，宜采用Ⅲ级钙质消石灰或Ⅱ级镁质消石灰。抛石挤淤宜采用粒径较大的未风化石料，其中 0.3 m 粒径以下的石料含量不宜大于 20%。

　　碎石、砂砾、石屑、矿渣垫层施工，垫层宜采用机械碾压施工，碾压工艺和分层摊铺厚度应根据现场试验确定，压实遍数不宜少于 4 遍。垫层的最佳含水率应根据具体的施工方法确定。当采用碾压法时，最佳含水率宜为 8%～12%；当采用平板式振动器时，最佳含水率宜为 15%～20%；当采用插入式振动器时，宜处于饱和状态。铺设垫层前，应先对现场的古井、古墓、洞穴、暗浜、旧基础进行清理、填实，经检验符合要求后，方可铺填垫层施工。严禁扰动垫层下卧软土层，防止下卧层受践踏、冰冻、浸泡或暴晒过久。垫层应水平铺筑，当地面有起伏坡度时应开挖台阶，台阶宽度宜为 0.5～1.0 m。

粉煤灰垫层施工，粉煤灰的物理化学指标应符合设计要求，施工最大干密度和最佳含水率应由室内击实试验确定，不得在浸水状态下施工。施工时应分层铺填压实，松铺厚度应由试验确定。粉煤灰垫层验收合格后，覆盖前严禁车辆在其上通行，并应及时填筑路堤或封层。

灰土垫层施工，施工前应先施作排水设施，施工期间严禁积水。当遇到局部软弱路基或孔穴时，应挖除后用灰土分层填实。灰土应拌和均匀，严格控制含水率，拌好的灰土宜当日铺填压实；当土料中水分过多或不足时，应晾干或洒水润湿。分段施工时，上下两层的施工缝应错开不小于 0.5 m，接缝处应夯压密实。灰土垫层应分层铺填碾压，虚铺厚度不宜大于 0.3 m。灰土垫层压实后 3 天内不得受水浸泡。灰土垫层验收合格后，应及时填筑路堤或作临时遮盖，防止日晒雨淋。刚填筑完毕或未经压实而遭受雨淋浸泡时，应视其影响程度进行处理，必要时应掺灰拌和重新铺筑。

抛石挤淤施工，当下卧地层平坦时，应沿道路中线向前呈三角形抛填，再渐次向两旁展开，将淤泥挤向两侧。当下卧地层具有明显横向坡度时，应从下卧层高的一侧向低的一侧扩展，并在低侧边部不少于 2 m 宽，形成平台顶面。在抛石高出水面后，应采用重型机具碾压紧密，然后在其上设反滤层，再行填土压实。

二、竖向排水体

竖向排水体可采用袋装砂井和塑料排水板，袋装砂井宜选用聚丙烯或其他适宜编织料制成的砂袋，砂袋强度应能承受砂袋自重，装砂后砂袋的渗透系数应不小于砂的渗透系数。砂料宜采用渗透率高的风干中粗砂，大于 0.5 mm 砂的含量不宜少于总质量的 50%。含泥量应不大于 3%，渗透系数应不小于 5×10^{-3} cm/s。塑料排水板可采用口琴式、城墙式等断面，如图 2-2 所示。应根据打设深度及排水需求选择排水板型号。塑料排水板应具有足够的抗拉强度和垂直排水能力。排水板复合体和滤膜的强度、延伸率，滤膜的渗透系数、等效孔径，排水板的通水量以及外包装状况、缝线和胶粘的质量等应符合相应产品的质量要求。

  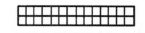

a. 口琴式（滤套缝合或黏合）　　b. 城墙式（滤套缝合或黏合）　　c. 口琴式（滤套芯板黏合一体）

图 2-2　塑料排水板断面形式

袋装砂井和塑料排水板可采用沉管式打桩机施工。袋装砂井宜采用圆形套管，套管内径宜略大于砂井直径；塑料排水板宜采用矩形套管，也可采用圆形套管。宜配置能够检测排水体施工深度的设备。

袋装砂井施工，砂宜以风干状态灌入砂袋，应灌制饱满、密实，实际灌砂量不应小于计算值。聚丙烯编织袋不宜长时间暴晒，必须露天堆放时应有遮盖，以防砂袋老化。砂袋入井应采用桩架吊起垂直放入。应防止砂袋扭结、缩颈和断裂。套管起拔时应垂直起吊，防止带出或损坏砂袋；当发生砂袋带出或损坏时，应在原孔的边缘重新打入。砂袋顶部埋入砂垫层的长度不应小于0.3 m，应竖直埋入，不得横置。

塑料排水板施工，塑料排水板不宜长时间暴晒，盘带露天堆放时应有遮盖，以防老化。套管桩靴和套管应配合适当，结合紧密、无缝，以免淤泥进入后增大塑料板与套管内壁的摩擦力。可采用混凝土圆桩靴或金属倒梯形桩靴，如图2-3所示。混凝土圆桩靴适用于圆形导管，金属倒梯形桩靴适用于矩形导管。塑料排水板与桩靴的连接，宜采用穿过桩靴上的固定架之后将板体对折不小于0.1 m，连同桩靴一起塞入套管的方式。安好桩靴之后，应等套管下落至桩靴与地面接触后方可松手，确保桩靴与套管紧密结合。塑料排水板需接长时，应采用滤套内芯板平搭接的方法。芯板应对扣，凹凸对齐，搭接长度不宜小于0.2 m；滤套包裹应采取可靠措施固定。塑料排水板顶端埋入砂垫层的长度不应小于0.5 m。

a. 混凝土圆桩靴

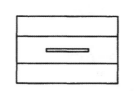

b. 金属倒梯形桩靴

图2-3　塑料排水板断面形式

表2-2　袋装砂井质量标准

项次	项目	规定值或允许偏差	检查方法和频率
1	井距	±150 mm	抽检2%
2	井径	+10 mm	挖验2%
3	井长	不小于设计值	查施工记录
4	垂直度	1.5%	查施工记录
5	灌砂率	±5%	查施工记录

表2-3 塑料排水板质量标准

项次	项目	规定值或允许偏差	检查方法和频率
1	板距	±150 mm	抽检2%
2	板长	不小于设计值	查施工记录
3	垂直度	1.5%	查施工记录

三、真空预压

真空预压的抽真空设备宜采用射流真空泵。真空泵空抽时必须为 95 kPa 以上的真空吸力。真空泵的数量应根据加固面积确定，每个加固场地至少应设两台真空泵。真空管路应由主管和滤管组成，滤水管应设在排水砂垫层中，其上应有 0.1～0.2 m 厚砂覆盖层。滤水管布置宜形成回路，水平向分布的滤管可采用条状、梳齿状、羽毛状及目字状等形式，如图 2-4 所示。滤水管可采用带孔钢管或塑料管，外包尼龙纱、土工织物或棕皮等滤水材料。真空管路的连接应密封，管路中应设置止回阀和闸阀。

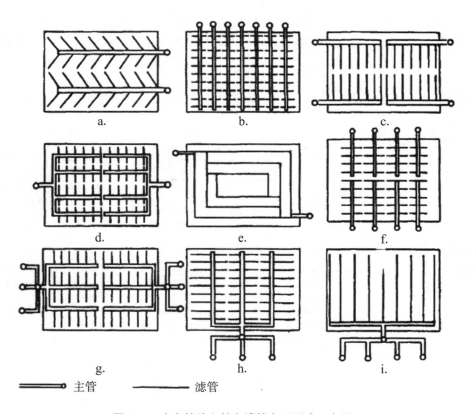

图 2-4 真空管路主管和滤管布置形式示意图

密封膜应采用抗老化性能好、韧性好、抗穿刺能力强的不透气材料，可采用聚氯乙烯薄膜。密封膜的厚度宜为 0.12～0.14 mm，根据其厚度的不同，可铺设 2～3 层。密封膜连接宜采用热合黏结缝平搭接，搭接宽度应大于 15 mm。密封膜的周边应埋入密封沟内。密封沟的宽度宜为 0.6～0.8 m，深度宜为 1.2～1.5 m。真空预压施工应按排水系统施工、抽真空系统施工、密封系统施工及抽气的步骤进行。

采用真空—堆载联合预压时，应先按真空预压的要求抽真空，当真空压力达到设计要求并稳定后，再进行堆载，并继续抽气。堆载时应在膜上铺设土工布等保护材料。

真空预压施工期间应进行观测，包括膜下真空度观测、竖向排水通道与淤泥中真空度观测、负孔隙水压力观测、地表面沉降观测。地表面沉降观测包括施工沉降和抽气膜面沉降观测、土层深部沉降观测、土层深部水平位移观测、地下水位观测。地下水位观测包括加固区外地下水位观测和加固区内地下水位观测。

真空预压工程质量检验可视加固的目的采用钻孔取土进行室内试验分析、现场十字板剪切试验和现场载荷试验等方法。试验检测项目的频率应根据加固分区面积的大小制定，每个分区不应少于3处。

四、粒料桩

粒料桩宜就地取材，所用粒料宜有一定的级配。用于一般软土路基的粒料桩，粒料最大粒径不宜大于 50 mm。用于十字板抗剪强度低于 20 kPa 的软土路基，粒料最大粒径不应大于 100 mm，其中粒径为 50～100 mm 的粒料质量应占粒料总质量的 50%～60%。粒料的含泥量不应大于 5%。

粒料桩可采用振冲置换法或振动沉管法成桩，振冲置换法施工可采用振冲器、吊机或施工专用平车和水泵。振冲器的功率应与设计的桩间距相适应，桩间距 1.3～2.0 m 时可采用 30 kW 的振冲器，桩间距 1.4～2.5 m 时可采用 50 kW 的振冲器，桩间距 1.5～3.0 m 时可采用 75 kW 的振冲器。起吊机械可采用履带或轮胎吊机、自行井架式专用平车或抗扭胶管式专用汽车等，吊机的起吊能力宜为 10～20 t。采用自行井架式专用平车时桩深度不宜超过 15 m，采用抗扭胶管式专用汽车时桩深度不宜超过 12 m。水泵出口水压宜为 400～600 kPa，流量宜为 20～30 m³/h，每台振冲器宜配一台水泵。振动沉管法施工宜采用振动打桩机和钢套管，应选用能顺利出料和有效挤压桩孔内粒料的桩尖形式，软黏土路基宜选用平底型桩尖。

施工前应进行成桩工艺和成桩挤密试验。当成桩质量不能满足设计要求时，应在调整设计与施工有关参数后，重新进行试验或改变设计。粒料桩处理软黏土路基宜从中间向外围或间隔跳打。在邻近既有建筑物施工时，应背离建筑物方向进行，如图2-5所示。

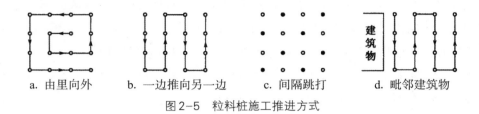

a. 由里向外　　b. 一边推向另一边　　c. 间隔跳打　　d. 毗邻建筑物

图2-5　粒料桩施工推进方式

振冲置换施工，振冲器宜以1~2 m/min的速度下沉成孔，水压宜为200~600 kPa，水的流量宜为200~400 L/min。水的压力和流量应根据路基土强度的大小、成桩施工的不同阶段进行调节，强度较低的土层宜采用较低水压；在成孔过程中宜采用较大的水压和水量，当接近加固深度时应降低水压，避免扰动破坏桩底以下的土层；在振密过程中宜采用较小的水压和水量。成孔过程中振冲器的电流最大值不得超过额定电流值。当出现电流超过额定电流现象时，必须减慢振冲器的下沉速度，必要时应停止下沉向上提升，用高压水冲松土层，然后继续下沉。应记录随深度变化的成孔电流和时间，及时分析土质情况。当振冲器达到设计的加固深度后，宜停留1 min，然后将振冲器上提至孔口，提升速度宜为5~6 m/min。重复振冲下沉、提升两三次扩大孔径并使孔内泥浆变稀后，方可开始填料制桩。往孔内倒入一次料后，应将振冲器沉入孔内对填料进行振密，通过密实电流控制桩体密实度。在振密过程中，如密实电流尚未达到规定值，应提升振冲器加料，然后再沉入振冲器振密，直到该深度处的密实电流达到规定值为止。每次填料振密时都应记录填料的数量、留振时间和最终电流值，并均应达到设计规定。

振动沉管法成桩可采用一次拔管成桩法、逐步拔管成桩法和重复压管成桩法3种工艺。打桩机机架应稳固可靠，套管上下移动的导轨应垂直，宜采用经纬仪校准其垂直度。宜采用在套管上画出明显标尺的方法控制成桩深度。施工长桩时，加料斗提升过程中宜由两人从两侧牵引料斗的缆绳，保证安全。需要留振时，留振时间宜为10~20 s，拔管速度宜控制在1.5~3.0 m/min。

粒料桩应进行工程质量检验，在成桩30天后，采用重型（Ng.s）动力触探检测桩身密实度和桩长，抽检频率应为总桩数的1%~2%。要求贯入量100 mm时，锤击数不应小于5击。在成桩30天后进行载荷试验，检验单桩承载力和复合路基承载力，抽检频率应为总桩数的0.2%~0.5%，且不应少于3处。其测定的承载力应达到设计要求。其余项目应按表2-4的要求检验。

表2-4　粒料桩质量标准

项次	项目	规定值或允许偏差	检查方法和频率
1	桩距	±150 mm	抽检2%
2	桩径	不小于设计值	抽检2%
3	桩长	不小于设计值	查施工记录并结合重型动力触探检查
4	垂直度	1.5%	查施工记录
5	粒料灌入率	不小于设计值	查施工记录

五、加固土桩

加固土桩的固化剂宜采用水泥或石灰，也可采用多种固化材料的混合物，固化剂掺量应根据试验确定。当选用水泥时，宜选用强度等级为32.5级的普通硅酸盐水泥，水泥掺量宜为被加固湿土质量的12%～20%。浆喷法水泥浆的水灰比可选用0.45～0.55。可根据工程需要和土质条件选用具有早强、缓凝、减水以及节省水泥等作用的外掺剂。用石灰做固化剂时，应采用磨细Ⅰ级生石灰，石灰应无杂质，最大粒径应小于2 mm。

粉喷桩与浆喷桩的施工机械必须安装喷粉（浆）量自动记录装置，并应对该装置定期标定。应定期检查钻头磨损情况，当直径磨损量大于10 mm时，必须更换钻头。施工前应进行成桩工艺和成桩强度试验。

粉喷桩施工钻进过程中应保持连续喷射压缩空气，保证喷灰口不被堵塞，钻杆内不进水。钻进速度宜为0.8～1.5 m/min。提升钻杆、喷粉搅拌时，应使钻头反向边旋转、边喷粉、边提升，提升速度宜为0.5～0.8 m/min；当钻头提升至距离地面0.3～0.5 m时，可停止喷粉。应根据设计要求，对桩身从地面开始1/3～1/2桩长并不小于5 m的范围内或桩身全长进行复搅，使固化剂与路基土均匀拌和，复搅速度宜为0.5～0.8 m/min。应随时记录喷粉压力、瞬时喷粉量和累计喷粉量、钻进速度、提升速度等有关参数的变化。当发现喷粉量不足时，应整桩复打，复打的喷粉量应不小于设计用量。当遇停电、机械故障等原因致使喷粉中断时，必须复打，复打重叠桩段长度应大于1 m。当粉料储存容器中剩余粉量不足一根桩的用量加50 kg时，应在补加后方可开钻施工下一根桩。出现沉桩时，孔洞深度在1.5 m以内的，可用8%的水泥土回填夯实；孔洞深度超过1.5 m的，可先将孔洞用素土回填，然后在原位补桩，补桩长度应超过孔洞深度0.5 m。

浆喷桩施浆液应严格按照成桩试验确定的配合比拌制，制备好的浆液不得离析，不得长时间放置，超过 2 h 的浆液应废弃。浆液倒入集料斗时应加筛过滤，避免浆内块状物损坏泵体。提升钻杆、喷浆搅拌时，应使钻头反向边旋转、边喷浆、边提升，提升速度宜控制在 0.5～0.8 m/min。当钻头提升至距离地面 1 m 时，宜用慢速提升；当喷浆口即将出地面时，应停止提升，搅拌数秒，保证桩头搅拌均匀。应根据设计要求，对地面以下一定深度范围内的桩身进行复搅。复搅速度宜为 0.5～0.8 m/min。应随时记录喷浆压力、喷浆量、钻进速度、提升速度等有关参数的变化。当发现喷浆量不足时，应整桩复打。当施工中因故停浆时，应使搅拌头下沉至停浆面以下 0.5 m，待恢复供浆后再喷浆提升。当停机超过 3 h，应拆卸输浆管路，清洗后方可继续施工，防止浆液硬结堵管。桩机移位前，应向集料斗中注入适量清水，开启灰浆泵，清洗全部管路中残存的浆液，直至管体干净，并将搅拌头清洗干净后，方可移位。

加固土桩应进行工程质量检验，在成桩 28 天后进行钻探取芯，抽检频率应为总桩数的 1%～2%，取芯位置宜在桩直径 2/5 处。应将代表性芯样加工成 $\varphi \times h$=50 mm ×100 mm 的圆柱体，进行无侧限抗压强度试验，强度值应达到设计要求。在成桩 28 天或 90 天后进行载荷试验，检验单桩承载力和复合路基承载力，抽检频率应为总桩数的 0.2%～0.5%，且不应少于 3 处，测定的承载力应达到设计要求。可采用轻型动力触探、静力触探以及反射波、瑞利波等物理勘探方法，对桩的均匀性和完整性进行检查。其余项目应按表 2-5 的要求检验。

表2-5　加固土桩质量标准

项次	项目	规定值或允许偏差	检查方法和频率
1	桩距	±100 mm	抽检 2%
2	桩径	不小于设计值	抽检 2%
3	桩长	不小于设计值	查施工记录并结合钻探取芯检查
4	垂直度	1.5%	查施工记录
5	单桩每延米喷粉（浆）量	不小于设计值	查施工记录

六、水泥粉煤灰碎石桩

水泥粉煤灰碎石桩（CFG 桩）的粗集料可采用碎石或砾石，泵送混合料时砾石最大粒径不宜大于 25 mm，碎石最大粒径不宜大于 20 mm；振动沉管灌注混合料时，粗集料最大粒径不宜大于 50 mm，可掺入砂、石屑等细集料改善级配。水泥宜用 32.5 级普通硅酸盐水泥。粉煤灰宜采用 II 级或 III 级粉煤灰。CFG 桩宜采用振动沉管灌注法成桩，施工设备宜采用振动沉管打桩机。施工前应进行成桩工艺和成桩强度试验。当成桩质量不满足设计要求时，应在调整设计与施工有关参数后，重新进行试验或改变设计。

CFG 桩施工，混合料应严格按照成桩试验确定的配合比拌制，搅拌均匀，搅拌时间不得少于 1 min。沉管至设计高程后应尽快投料，首次投料量应使管内混合料面与投料口平齐。拔管过程中发现料量不足时应及时补充投料。桩顶超灌高度不宜小于 0.5 m。沉管宜在设计高程留振 10 s 左右，然后边振动，边拔管。拔管速度宜为 1.2～1.5 m/min，如遇淤泥层，拔管速度宜适当放慢。拔管过程中不得反插。成桩过程中，每个台班应做不少于一组（3 个）试块（边长 150 mm 的立方体），检验其标准养护 28 天的抗压强度。当设计桩距较小时，宜按隔桩跳打的顺序施工。施打新桩与已打桩间隔的时间不应少于 7 天。

CFG 桩应进行工程质量检验，在成桩 28 天后，对桩身质量采用低应变法和取芯法检测，采用两种方法抽检的总频率应不少于总桩数的 10%，其中，采用取芯法检测的比例不应少于总桩数的 0.5%。应根据低应变法的检测结果，按表 2-6 对桩身质量进行评价。对于 III 类桩，采用取芯法检测桩体强度能够达到设计值的，可以使用。其他 III 类桩及 IV 类桩应采取补强、补桩、设计变更等措施处理。

表2-6　桩身完整性分类表

类别	分类原则
I 类桩	完好桩
II 类桩	桩身有轻微缺陷，但不影响桩身原设计强度的发挥
III 类桩	桩身有明显缺陷，应采用其他方法进一步确认其可用性
IV 类桩	桩身有严重缺陷或断桩

在成桩 28 天后进行载荷试验，检验 CFG 桩的单桩承载力及复合路基承载力，抽检频率应为总桩数的 0.2%～0.5%，且不应少于 3 根桩，测定的承载力应达到设计要求。其余项目应按表 2-7 的要求检验。

表2-7 CFG桩质量标准

项次	项目	规定值或允许偏差	检查方法和频率
1	桩距	±100 mm	抽检2%
2	桩径	不小于设计值	抽检2%
3	桩长	不小于设计值	查施工记录并结合钻探取芯检查
4	垂直度	1%	查施工记录

七、刚性桩

预应力混凝土薄壁管桩宜采用工厂预制，其质量标准应符合现行《先张法预应力混凝土薄壁管桩》（JC 888—2001）的规定。现浇混凝土大直径管桩的粗集料可采用碎石或砾石，最大粒径不宜大于25 mm。细集料宜选用干净的中、粗砂。施工前应进行成桩工艺试验，预应力混凝土薄壁管桩试桩数量不得少于2根，现浇混凝土大直径管桩试桩数量应根据施工工艺要求确定。预应力混凝土薄壁管桩宜采用静力压桩机施工，也可采用锤击沉桩机施工，施工现场应配有起吊设备，其起吊能力宜大于5 t。现浇混凝土大直径管桩宜采用振动沉管设备施工。

预应力混凝土薄壁管桩施工，沉桩过程中应严格控制桩身的垂直度，宜采用经纬仪进行垂直度控制，可在距桩机15~25 m处成90°方向设置经纬仪各一台，测定导杆和桩身的垂直度。每根桩宜一次性连续沉至控制高程，沉桩过程中停歇时间不应过长。焊接接桩时，焊缝应连续饱满，满足三级焊缝的要求；因施工误差等因素造成的上、下桩端头间隙应采用厚薄适当的楔形铁片填实焊牢。接桩时上、下节桩的中心线偏差不得大于5 mm，节点弯曲矢高不得大于桩段的0.1%。沉桩过程中遇到较难穿透的土层时，接桩宜在桩尖穿过该土层后进行。

现浇混凝土大直径管桩施工，宜集中拌和，也可现场拌和或采用商品混凝土。打桩机机架应稳固可靠，套管上下移动的导轨应垂直，宜采用经纬仪校准其垂直度。应严格控制成桩深度，宜采用在套管上画出明显标尺的方法进行成桩深度控制。第一次沉管至设计高程后应测量管腔孔底有无地下水或泥浆进入，如有进入，应在每次沉管前先在管腔内灌入高度不小于1 m的混凝土，防止沉管过程中地下水或泥浆进入管腔内。混凝土灌注应连续进行，实际灌注量的充盈系数不应小于1.1。桩顶超灌高度不宜小于0.5 m。拔管应在管腔内灌满混凝土后进行，应先振动10 s，之后再开始边振边拔，每拔1 m应停拔并振动5~10 s；距离桩顶5 m范围内宜一次性成桩，不宜停拔，拔管速度宜为 0.6～0.8 m/min。成桩过程中，每个台班应做不少于一组（3 个）试块（边长 150 mm 的立方体），测定其标准养护 28 天抗压强度。

预应力混凝土薄壁管桩应进行工程质量检验，成桩后应进行载荷试验，检验单桩承载力，抽检频率应为总桩数的 0.2%～0.5%，且不应少于 3 根，测定的承载力应达到设计要求。其余项目应按表 2-8 的要求检验。

表 2-8　预应力混凝土薄壁管桩质量标准

项次	检查项目	规定值或允许偏差	检查方法及频率
1	桩距	±100 mm	抽检 2%
2	桩长	不小于设计值	查施工记录并结合吊绳量测检查，吊绳量测 5%
3	垂直度	0.5%	查施工记录

现浇混凝土大直径管桩应进行工程质量检验，在成桩 28 天后对桩身质量采用低应变法检测，抽检频率应不少于总桩数的 10%。桩身质量均应达到表 2-6 中的 Ⅰ 类桩或 Ⅱ 类桩的要求，否则应予以补桩。在成桩 28 天后进行载荷试验，检验单桩承载力，抽检频率应为总桩数的 0.2%～0.5%，且不应少于 3 处，测定的承载力应达到设计要求。其余项目应按表 2-9 的要求检验。

表 2-9　现浇混凝土大直径管桩质量标准

项次	检查项目	规定值或允许偏差	检查方法及频率
1	桩距	±100 mm	抽检 2%
2	桩径	+30 mm，−10 mm	抽检 2%
3	壁厚	+30 mm，−10 mm	开挖桩芯土测量，开挖深度不宜小于 3 m。抽检总桩数的 0.2%～0.5%
4	桩长	不小于设计值	查施工记录，必要时结合全桩长开挖桩芯土测量
5	垂直度	1%	查施工记录

八、强夯和强夯置换

强夯置换的桩体材料宜采用级配良好的块石、碎石、矿渣等坚硬粗颗粒材料，粒径大于 300 mm 的颗粒含量不宜超过 30%。桩体材料的最大粒径不宜大于夯锤底面直径的 0.2 倍，含泥量不宜超过 10%。起吊夯锤用的机械设备宜选用履带式起重机。

夯锤重量大、落距大时，可在吊臂两侧辅以门架，以提高起重能力，并防止落锤时机架倾覆。履带式起重机脱钩装置应有足够的强度，使用灵活，脱钩快速、安全。夯锤可采用钢筋混凝土锤或铸钢锤，夯锤上宜设置2～4个上下贯通的透气孔。强夯加固黏土路基时，宜采用较大底面积的锤。强夯置换宜采用细长的铸钢锤。在强夯能级不变的条件下，宜采用重锤、低落距。强夯和强夯置换施工前应在代表性路段选取试夯区进行试夯，每个试夯区场地面积不应小于500 m²。试夯应确定单击夯击能、夯击次数、夯击遍数、间歇时间等参数。

强夯前应在地表铺设有一定厚度的垫层，垫层材料可采用碎石、矿渣等坚硬粗颗粒材料。强夯宜分主夯、副夯、满夯三遍实施。第一遍主夯完成后，第二遍的副夯点应在主夯点中间穿插布置；副夯点与主夯点的布置间距及夯击能级应相同。满夯夯点应采用彼此搭接1/4连续夯击，满夯能级可采用主夯能级的1/3～1/2。两遍夯击之间应有一定的时间间隔，间隔时间应根据土中超静孔隙水压力的消散时间确定；当缺少实测资料时，可根据路基土的渗透性确定。对于渗透性较差的黏性土路基，间歇时间不应少于21天；对于粉性土路基，间歇时间不应少于7天；对于渗透性好的路基，间歇时间不宜少于3天。强夯夯点的夯击次数，应按试夯得到的夯击次数和夯沉量关系曲线确定，并应满足相关要求。当单击夯击能小于2 000 kN·m时，最后两击的平均夯沉量不宜大于50 mm；当单击夯击能为2 000～4 000 kN·m时，最后两击的平均夯沉量不宜大于100 mm；当单击夯能大于4 000 kN·m时，最后两击的平均夯沉量不宜大于200 mm。夯坑周围地面不应发生过大的隆起，夯坑不应过深而造成提锤困难。

强夯置换前应在地表铺设一定厚度的垫层，垫层材料宜与桩体材料相同。强夯置换夯点的夯击次数应通过现场试夯确定，置换桩底应达到设计置换深度（桩长度），宜穿透软土层。累计夯沉量应为设计桩长的1.5～2.0倍。最后两级的平均夯沉量应满足相关的规定。强夯置换应按照由内向外、隔行跳打的方式施工。强夯施工结束30天后，可采用载荷试验、标准贯入试验、静力触探、十字板剪切、瞬态瑞利波法和钻孔取样试验等方法检验路基土强度的变化情况，评价强夯的效果。载荷试验的频率应按3 000 m²/处控制，且不应少于3处；其他方法的检测频率可适当增大。

强夯置换应进行工程质量检验，在施工结束30天后，采用载荷试验检验单桩承载力，抽检频率应为总桩数的0.5%，且不应少于3处，也可根据需要同时检测桩间土的承载力，测定的承载力应达到设计要求。在施工结束30天后，应采用超重型（N120）或重型（N63.5）动力触探检测桩体的密实度和桩长，抽检频率应为总桩数的1%～2%，桩体的密实度和桩长应达到设计要求。

第五节　路基变形监测

路基变形包括两个方向上的指标：竖向位移和水平位移。顶面或土层内的这两类指标加上地下水位、裂缝、斜度及土压力等指标，构成了施工期与运营期路基稳定性观测的核心内容。

一般情况下，地下水位急剧变化（孔隙水压力变化），路基出现快速增大的竖向或水平位移，伴随裂缝发展及土压力异常是路基失稳的主要表现。通过监测这些指标，能及时发现路基失稳征兆，从而为采用积极的干预措施提供时机和决策依据。

填方路基的竖向位移常被定义为沉降，它是路基变形分析的主要内容和稳定性监测的重要指标。路基沉降指的是施工期或运营期内，路基某基准点（如路基表面或路基顶面），在自重应力、施工与交通荷载的作用下，伴随自然环境和时间因素的影响，因软弱路基或路基填方的压缩变形而产生的高程差。根据沉降产生的时段不同，沉降又可以分为施工期沉降和工后沉降。而不均匀沉降则是指路基顶面上不同位置的沉降存在差异的现象，其差值就是不均匀沉降值，一般用横断面上路基顶面中心处和边缘的沉降差值来表征。

需要进行沉降分析及施工期变形观测的工况包括高填路堤、软土路基上的填方路基、重要高速公路路段、其他特殊工况（如路基拓宽工程、可能的桥头跳车发生位置等）。

路基变形监测的主要目的是发现路基在施工和运营期间可能发生的稳定性问题，及时预警，以便采取积极的主动干预措施，保障路基工程的安全。随着近年来我国发生的一系列恶劣自然灾害，公路路基边坡问题乃至失稳发生频繁。相关的路基变形实时监测、边坡稳定性预警和紧急干预与控制技术成为目前研究的重点方向之一。

目前，路基变形实时监测采用了很多新技术，如基于 GIS 的卫星实时变形观测系统、基于光纤的分布式数据采集系统、基于物联网的数据传输系统等，使得工程技术人员能实时把握运营期路基变形发展状况。边坡稳定性预警依赖两种基本方法进行：工程类比法和计算分析法。前者是根据本地已有工程地质资料和边坡灾害历史资料总结边坡灾害的发生规律与判断依据，并据此对被监测路基的稳定性做出评价；后者则是基于监测到的变形指标，反分析路基的安全状态。紧急干预和控制技术包括两个方面：一是交通控制范畴的紧急应对措施；二是公路工程范畴的临时处治技术措施。

对于高填、软土等危险断面的路基，应进行路基的变形观测，其常规观测内容可分路堑和路堤，按表2-10和表2-11进行监测。

表2-10　路堑边坡或滑坡监测

监测内容		监测方法	监测目的
地表监测	水平位移监测	全站仪、光电测距仪	观测地表位移、变形发展情况
	垂直变形监测	水准仪	
	裂缝监测	标点桩、直尺或裂缝计	观测裂缝发展情况
地下位移监测		测斜仪	探测相对于稳定地层的地下岩体位移，证实和确定正在发生位移的构造特征，确定潜在滑动面深度，判断主滑方向，定量分析评价边（滑）坡的稳定状况，评判边（滑）坡加固工程效果
地下水位监测		人工测量	观测地下水位变化与降雨的关系，评判边坡排水措施的有效性
支挡结构变形、应变		测斜仪、分层沉降仪、压力盒、钢筋应力计	支挡构造物岩土体的变形观测，支挡构造物与岩土体间接触压力观测

表2-11　高路堤稳定和沉降监测

观测项目	仪具名称	观测目的
地表水平位移量及隆起量	地表水平位移桩（边桩）	用于稳定监控，确保路堤施工安全和稳定
地下土体分层水平位移量	地下水平位移计（测斜管）	用于稳定监控与研究，掌握分层位移量，推定土体剪切破坏位置，必要时采用
路堤顶沉降量	地表型沉降计（沉降板或桩）	用于工后沉降监控，预测工后沉降趋势，确定路面施工时间

软土路基上的路基需作为变形观测的重点对象，填筑过程中，路堤中心线地面沉降速率应在10～15 mm/d，坡脚水平位移速率应不大于5 mm/d，应结合沉降和位移发展趋势对观测结果进行综合分析，填筑速率应以水平位移控制为主，超过标准应立即停止填筑。

软土路基上的二级及其以上公路路堤的施工中，必须进行沉降和稳定的动态观测，要求见表2-12。

表2-12 沉降和稳定动态观测

观测项目	常用仪具名称	观测内容及目的
地表沉降量	地表型沉降计（沉降板）	根据测定数据调整填土速率；预测沉降趋势，确定预压卸载时间和结构物及路面施工时间；提供施工期间沉降土方量的计算依据
地表水平位移量及隆起量	地表水平位移桩（边桩）	监测地表水平位移及隆起情况，以确保路堤施工的安全和稳定
地下土体分层水平位移量	地下水平位移计（测斜管）	用作掌握分层位移量，推定土体剪切破坏的位置，必要时采用

观测仪表应在软土路基处理之后埋设，并在观测到稳定的初始值后，方可进行路堤填筑。在路基条件差、地形变化大、实际问题多的部位和土质调查点附近应设置观测点。同一路段不同观测项目的测点宜布置在同一横断面上。施工期间，应按设计要求进行沉降和稳定的跟踪观测，观测频率应与沉降、稳定的变形速率相适应，每填筑一层应观测一次；如果两次填筑间隔时间较长，每3天至少观测一次。路堤填筑完成后，堆载预压期间观测应视路基稳定情况而定，半月或每月观测一次，直到预压期结束；如路基稳定出现异常，应立即停止加载并采取措施处理，待路堤恢复稳定后，方可继续填筑。

进行软土路基稳定性观测时，一般路段沿纵向每100～200 m设置一个观测断面，同时，每一路段应不少于3个断面；桥头路段应设置2～3个观测断面；桥头纵向坡脚、填挖交界的填方端、沿河等特殊路段应增设观测点。

位移观测一般按埋设边桩的方式进行，应根据需要埋设在路堤两侧坡脚或坡脚以外3～5 m处，并结合稳定分析，在预测可能的滑动面与地面的切点位置布设测点，一般在坡脚以外1～10 m范围内设置3～4个位移边桩。同一观测断面的边桩应埋在同一横轴线上。边桩应埋置稳固，校核基点四周必须采用保护措施，并定期与工作基点桩校核。地面位移观测仪器要求测距精度±5 mm，测角精度2″。沿河、临河等临空面大而稳定性很差的路段，必要时需进行路基土体内部水平位移的观测。

沉降观测一般通过在原地面埋设沉降板进行路基沉降的高程观测。沉降板埋置在路基中心、路肩及坡趾的基底。沉降板观测仪器要求往返测量精度为1 mm/km。用于观测水平位移标点桩、校核基点桩亦同时用于沉降观测，埋设于坡趾及以外的标点桩一般用于地面沉降检测。堆载预压期间观测应视路基稳定情况而定，一般情况下，第一个月每3天观测1次，第二、三个月每7天观测一次，从第四个月起，每15天观测1次，直至预压期结束。

第三章

≪≪≪ 路基表层处理

在道路建设过程中，道路所经地区经常遇到原地面组成材料对路基填料而言为非适用性材料组成的区域（俗称不良路基）。为了保证路基整体强度和稳定性，如何处理不良路基，成为道路建设者值得探讨的问题。

不良路基一般是指用正常处理方式（如填前夯实）处理后路基承载力达不到其上面构造物（路基填料或结构物）要求的承载力，或虽在施工时暂能达到要求，但在后期使用过程中由于路基本身或其他因素（如地下水、动荷载）等致使路基失稳，造成构造物沉降过大或不均匀沉降，甚至彻底破坏构造物。

黄河三角洲地区不良地质一般具有以下特点：含水量大，压缩性强，力学强度低，包括淤泥、淤泥质黏土、亚黏土、亚砂土组成的路基。在工程中，还包括松散的粉质亚黏土、粉砂土、杂填土、湿陷性黄土及其他高压缩性土构成的特殊路基。

第一节　路基处理方案的确定需要考虑的因素

路基处理的效果能否达到预期的目的，首先取决于路基处理方案的选择是否得当、各种加固参数的设计是否合理。路基处理方法虽然很多，但任何一种方法都有其各自的适用范围和优缺点。除具体工程条件和要求各不相同，地质条件和环境条件不相同，施工机械设备、所需的材料也会因提供部门的不同而产生很大差异外，施工队伍的技术素质状况、施工技术条件和经济指标比较状况都会对路基处理的最终效果产生很大的影响。一般来说，在选择确定路基处理方案前应充分考虑以下几个方面的因素。

（1）地质条件。每个项目的工点必须做地质勘察，地质勘察应查明地形及地质成因、土层及软弱土层情况，路基土层在水平方向和垂直方向上的变化，提供路基土的物理力学性质指标，判别饱和粉土、粉细砂的液化可能性及地下水的腐蚀性。

（2）项目自身建设要求。项目建成后荷载的组成、分布，天然路基承载力等因素决定了路基处理方案的制定目标。

（3）环境条件。随着社会的发展，公民环境保护的意识逐步提高，常见的与路基处理有关的环境污染主要有扬尘、噪声、地下水污染、路基振动等。在路基处理方案确定的过程中，应根据环境保护要求选择合适的路基处理施工方案。

（4）施工条件。施工条件主要包括用地条件、工程用料、施工机械及施工难易程度等因素。

（5）工程费用。经济技术指标的高低是衡量路基处理方案是否合理的关键指标。在路基处理中，一定要综合比选，在保证满足加固要求的前提下，选择技术先进、经济合理的路基处理方案。

（6）工期要求。应保证路基加固工期不会拖延整个工程的进展。另外，如路基工期缩短，也可利用这段时间，使路基加固后的强度得到提高。

第二节　路基处理的方案确定

由于建设项目各自建设条件的不同，造成路基处理方案的选择也各不相同，所以在选择和设计路基处理方案时，不能简单地依靠以往的经验，也不能依靠复杂的理论计算，还应结合工程实际，通过现场试验、检测和分析反馈不断地修正设计参数。尤其是对于一些较为重要或缺乏经验的工程，在尚未施工前，应先利用室内外试验参数按一定方法设计计算，选择一段试验段进行数据检测，然后利用检测结果反向分析基本参数，采用修正后的参数进行第二次试验段的设计，而后再利用第二次试验段检测数据结果进行第三次试验段设计，以此类推，直至试验段检测数据满足项目要求。

在确定路基处理方案时，应根据工程的具体情况对若干种路基处理方法进行技术、经济以及施工进度等方面的比较，选择经济合理、技术可靠、施工进度较快的路基处理方案。

路基处理方案的确定可按以下步骤进行。

（1）搜集详细的工程路基、水文地质及路基基础设计资料。

（2）根据项目要求，结合地形地貌、地层结构、土质条件、地下水特性、周围环境和相邻建筑物等因素，初步选定几种可供考虑的路基处理方案。

（3）对初步选定的几种路基处理方案分别从处理效果、材料来源和消耗、施工机械和进度、环境影响、经济效益等因素进行技术经济分析和对比，从中选择最佳的路基处理方案。

（4）对已选定的路基处理方案，根据项目的安全等级和场地复杂程度，可在有代表性的场地上进行相应的现场试验性施工，其目的是检验设计参数、选择合理的施工方法，并检验处理效果。如路基处理效果达不到设计要求，应查找原因并调整设计方案和施工方法。

第三节　路基处理的施工、监测与检验

一、路基处理的施工管理

（一）路基处理的工程特点及注意事项

（1）大部分路基处理方法的加固效果并不是施工结束后就能全部体现，一般需经过一段时间才能逐步体现。

（2）每项路基处理工程都有它的特殊性。同一种方法在不同地区应用，其施工工艺也不尽相同，对每个具体的工程往往有些特殊的要求。而且路基处理大多是隐蔽工程，很难直接检验其施工质量。

在路基处理施工过程中要对各个环节的质量标准严格掌握。如换填垫层压实时的最大干密度和最优含水量要求，堆载预压的填土速率和边桩位移的控制等。在施工过程中，施工单位应有专人负责质量控制，并做好施工记录。当出现异常情况时，须及时会同有关部门妥善解决。

（二）路基处理施工过程中和施工完成后的注意事项

（1）在路基处理施工过程中，不仅要让现场施工人员了解如何施工，而且还必须使他们很好地了解所采用的路基处理方法的原理、技术标准和质量要求，所进行的施工是否符合工程要求，要经常进行施工质量和处理效果的检验，以保证施工质量。

（2）在路基处理施工过程中和施工完成后要做好监测工作，尤其是在处理工作结束后，应尽量采用可能的手段来检验处理的效果。这是施工工作的重要一环。

（3）对于重要工程的路基处理工作或者开发、引用新的路基处理方法，在进行路基处理方案时，必须在大规模施工前进行试验，以检验路基处理方案的可靠性，并可获得设计计算的参数值和施工的控制指标以及施工经验。

（4）通过反向分析可获得必要的参考数据，用于验证设计、监测工程安全，以便于进行下一阶段的设计计算。

二、路基处理的施工监测与检验

在路基处理施工过程中，为了了解和控制施工对周围环境的影响，或保护临近的建筑物和地下管线，常常需要进行一些必要的监测工作，以及时了解路基处理效果、检验路基处理方案和施工工艺的合理性，从而达到项目设计要求。监测方案根据路基处理施工方法和周围环境的复杂程度确定。

在路基处理施工完成后，对路基处理效果进行检测，检测最终处理效果是否满足项目设计要求，以便综合评价路基处理效果。

第四节　路基处理的发展与展望

近年来，路基处理发展的一个典型趋势就是在既有的路基处理方法基础上，不断发展新的路基处理方法，特别是将多种路基处理方法进行综合使用，形成了极富特色的复合加固技术。这些复合加固技术的发展特点主要体现在如下五个方面：由单一加固技术向复合加固技术发展；复合路基的加固体由单一材料向复合加固体发展；复合路基加固技术与非复合路基加固技术的结合；静力加固与动力加固技术的结合；机械加固与非机械加固的结合。

第五节　路基表层处理方案

一、浅层淤泥质土路基处理

（一）形成原因

黄河三角洲位于渤海湾南岸和莱州湾西岸，主要分布于山东省东营市和滨州市境内，是由古代、近代和现代三个三角洲组成的联合体。黄河三角洲是由黄河多次改道和决口泛滥而形成的岗、坡、洼相间的微地貌形态，分布不同的土体结构和盐化程度不一的盐渍土。这些微地貌控制着地表物质和能量的分配、地表径流和地下水的活动，形成了以洼地为中心的水、盐汇积区。

由于黄河三角洲新堆积体的形成以及老堆积体不断被反复淤淀，造成三角洲平原大平、小不平，微地貌形态复杂，主要的地貌类型有河滩地（河道）、河滩高地与河流故道、决口扇与淤泛地、平地、河间洼地与背河洼地、滨海低地与湿洼地以及蚀余冲积岛和贝壳堤（岛）等。

因为特殊的地理位置，黄河三角洲地区水系发达，地下水位较高，从而造成项目所经区域范围内时常存在浅层淤泥质土段落（厚度在 3 m 之内）。为保障项目施工进度及质量，此种段落一般采用降水或清淤换填方式进行处理。因黄河三角洲地区土质以粉土、粉质黏土为主，透水性强；在地下水位高的情况下降水效果不好，所以采用换填方式更为直接、有效。

（二）工作原理、处理范围

换填就是将路基范围内外露的浅层淤泥质土层全部或部分挖除，然后以透水性材料（如碎石、砂砾、建筑碎砖等）以及质地坚硬、强度较高、性能稳定、具有抗侵蚀性的材料或素土、石灰土、水泥土等土工合成材料置换已挖除的淤泥质土，压实后达到相关设计要求，成为良好的路基。通过换填法处理路基，可以把上部荷载扩散传至下面的下卧层，以满足荷载所需的路基承载力和减少沉降量的要求。

换填的目的是提高承载力，增加路基强度，减少路基沉降；换填材料应具备较高的承载能力与较低的压缩性。

浅层路基处理设计方案依据《公路路基施工技术规范》（JTG/T 3610—2019）中7.6.3条的规定：①厚度小于 3.0 m 的软土宜采用浅层置换。②置换宜选用强度高的砂砾、碎石土等水稳性和透水性好的材料。施工时，应分层填筑、压实。

项目浅层置换往往与地表水排水相结合一并处理；项目占压水塘、小型水库时，需设置围堰，抽水后，再清除项目占压范围内淤泥质土；淤泥质土清理宽度按项目占压宽度每侧加 1 m，深度为淤泥质土厚度；清理完毕后回填透水性材料，透水性材料数量依据项目资金情况及工期确定，但最小厚度应不小于《公路路基设计规范》（JTG D30—2015）中 7.7.5 条规定的 0.5 m，剩余部分则采用合格的路基填料进行回填。

（三）材料要求

透水性材料一般包括碎石、砂砾、建筑垃圾再生材料等。

碎石、砂砾在黄河三角洲地区一般为外运而来，换填用的碎石、砂砾一般粒径要求不大于15 cm，但粒径小于5 mm的细集料不超过10%。

建筑垃圾再生材料是拆除圬工结构工程建设活动中产生的水泥混凝土、砖、石等固体废弃物经分选、加工生产后形成的再生材料，用于垫层或换填处理时，其最大粒径不宜大于100 mm，含泥量不应大于5%，技术要求见表3-1。

表3-1　建筑垃圾再生材料技术要求

项目	技术要求	试验方法
轻质杂物含量（%）	≤1.0	附录A（公路工程利用建筑垃圾技术规范）
不均匀系数	≥5.0	T0115
易溶盐含量（%）	≤0.5	T0153

（四）验收标准

因黄河三角洲地区地质的特殊性（地下水位高、土类为湿陷性黄土），换填范围内透水性材料的压实度及承载力一般不做特殊要求，但透水性材料顶部回填或铺筑的其余路基填料必须满足《公路路基设计规范》（JTG D30—2015）的相关规定。

（五）适用范围

此类处理方式不适宜于重载交通的路床范围，其余层位均可采用此方法进行处理。

二、局部存在零星红黏土路基

（一）形成原因

黄河三角洲是黄河中下游地区的黄河冲积平原，是典型的扇形三角洲，属河流冲积物覆盖海相层的二元相结构。由于黄河三角洲新堆积体的形成以及老堆积体不断地被反复淤淀，造成三角洲平原大平、小不平，微地貌形态复杂。因黄河水的夹带及冲积作用，致使局部位置存在零星红黏土。

红黏土的主要矿物成分是高岭石、伊利石和绿泥石，具有天然含水量高、孔隙比大、易成团等特点，致使其用于大坝、路基填筑时难以压实；此外，它还具有强烈的水敏性特征，极易发生吸水软化、失水开裂等工程病害。项目工程建设中若存在路基难以压实的问题，经常需要添加稳定材料（如石灰、水泥、粉煤灰等）处理或置换方式处理红黏土。

（二）工作原理

石灰土改良零星红黏土的工作原理：石灰与红黏土中的离子进行交换，石灰中氢氧化钙遇水自行结晶和碳化作用形成改良土的早期强度；一方面，离子交换作用增强了红黏土的稳定性，同时形成晶格，以及碳化作用生成物的结合，使红黏土中胶结物质的胶结作用得到改善；另一方面，石灰中的矿物质与红黏土中关键矿物发生化学反应，胶结物质的物化性质发生改变，从而形成符合要求的土类。

（三）材料要求

石灰分为生石灰和消石灰两种，其具体技术要求见表3-2和表3-3。

表3-2 生石灰技术要求

指标	钙质生石灰			镁质生石灰			试验方法
	Ⅰ	Ⅱ	Ⅲ	Ⅰ	Ⅱ	Ⅲ	
有效氧化钙氧化镁含量（%）	≥85	≥80	≥70	≥80	≥70	≥65	T0813
未消化残渣含量（%）	≤7	≤11	≤17	≤10	≤14	≤20	T0815
钙镁石灰的分类界限、氧化镁含量（%）	≤5			>5			T0812

表3-3 消石灰技术要求

指标		钙质生石灰			镁质生石灰			试验方法
		Ⅰ	Ⅱ	Ⅲ	Ⅰ	Ⅱ	Ⅲ	
有效氧化钙氧化镁含量（%）		≥65	≥60	≥55	≥60	≥55	≥50	T0813
含水率（%）		≤4	≤4	≤4	≤4	≤4	≤4	T0801
细度	0.60 mm方孔筛的筛余（%）	0	≤1	≤1	0	≤1	≤1	T0814
	0.15 mm方孔筛的筛余（%）	≤13	≤20	—	≤13	≤20	—	T0814
钙镁石灰的分类界限、氧化镁含量（%）		≤4			>4			T0812

（四）施工方法及验收标准

石灰土改良零星红黏土路基适用于清除表土后，原路基存在零星红黏土，压实度无法达到设计要求，因红黏土位置较分散且项目区范围内透水性置换材料稀缺，故优先采用生石灰粉进行处理。依据既有工程的经验，石灰掺量为4%～8%，处理效果既能达到相关要求，又能节约资金。

此类工程处理方式：在清表后均匀撒布生石灰粉，采用拌和机进行现场原地拌和后静置24 h；然后对原路基重新进行拌和、压实。

验收标准：压实度及 CBR 值等指标均需满足相关路基层位的技术要求；施工完毕验收合格后，后面施工工序正常进行即可。

（五）适用范围

此类处理方式不适用于重载交通的路床范围内，其余层位均可采用此方法进行处理。

（六）工程案例

东营市经济技术开发区某道路综合整治工程，该工程位于东营市东城区，是一条位于主城区，集开发建设、生产及生活服务于一体的城市次干路，道路全长 3 450 m，断面形式为城市道路三块板，机动车道为双向四车道，道路结构形式为三层灰土，两层水稳，两层沥青混凝土，两侧各为 4.5 m 宽沥青混凝土非机动车道和 3 m 宽预制砖人行道。

该工程范围内原路基存在红黏土，为满足工程质量要求，采用石灰土改良零星红黏土路基，如图 3-1 所示。饭灰施工过程有如下几个方面。

（1）根据设计高程挖至路床下 40 cm 处，将槽内清理干净。

（2）测量槽底高程，合格后均匀撒布石灰粉，灰土拌和机拌和两遍后静置 24 小时，再用灰土拌和机拌和一遍后在最佳含水率状态下用推土机排压、平地机找平。

（3）平地机找平后用重型振动压路机碾压 4～6 遍，18～21 t 三轮压路机静压三遍，施工完毕验收合格后方可进行路面结构层施工。

图 3-1　石灰土改良零星红黏土路基

三、水泥固化土处理潮湿路基

（一）形成原因

黄河三角洲地区靠近黄河入海口位置，土质类别以粉质亚黏土、粉砂土、杂填土、湿陷性黄土为主；黄河三角洲地区大部分区域地下水稳较高，路基清表后原路路基处于潮湿状态。若此时碾压，易呈现"弹簧"状态，无法满足路基压实度要求；为提高路基土的强度、改善路基土的变形，可采用降水、换填、翻晒等措施进行原路基处理。降水、翻晒等措施能保证路基施工质量但需要的工期较长，换填既能保证路基施工质量又能保证施工进度但造价高，采用水泥固化土处理则能加快施工进度且施工费用较低。

（二）工作原理

水泥加固土的强度主要来源于两部分，即水泥本身的水化物的胶结作用和水泥水化时产生的 $Ca(OH)_2$ 与土中活性物质之间的硬凝反应所产生的水化物的胶结作用，其中，水泥本身的水化物的胶结作用是构成水泥加固土强度的主要部分。

（三）材料要求

水泥强度等级不小于42.5，具体成分及物理指标详见表3-4和表3-5。

表3-4　水泥成分要求

项次	水泥成分	极重、特重、重交通荷载等级	中、轻交通荷载等级
1	熟料游离氧化钙含量（%）≤	1.0	1.8
2	氧化镁含量（%）≤	5.0	6.0
3	铁铝酸四钙含量（%）	15.0～20.0	12.0～20.0
4	铝酸三钙含量（%）≤	7.0	9.4
5	三氧化硫含量（%）≤	3.5	4.0
6	碱含量$Na_2O+0.658K_2O$（%）≤	0.6	有碱集料反应时，0.6；无碱集料反应时，1.0
7	氯离子含量（%）≤	0.06	

表3-5　水泥的物理指标要求

项次	水泥物理性能		极重、特重、重交通荷载等级	中、轻交通荷载等级
1	出磨时安定性		雷氏夹和蒸煮法检验均必须合格	蒸煮法检验均必须合格
2	凝结时间（h）	初凝时间≥	1.5	0.75
		终凝时间≤	10	10
3	标准稠度需水量（%）≤		28	30.0
4	比表面积（m^2/kg）		300～450	300～450
5	细度（80 μm）		10.0	10.0
6	28天干缩率（%）≤		0.09	0.10
7	耐磨性（kg/m^2）≤		2.5	3.0

（四）施工方法及验收标准

依据既有工程经验，水泥掺量在4%～6%的处理效果既能达到相关要求，又能节约资金。

水泥固化土处理原地均匀撒布水泥，拌和后采用履带车稳压处理，静置一段时间后形成一层"硬壳"，时间以填筑下一层路基填土不翻浆为标准；水泥固化土顶上第一批填土厚度可略大于路基每层填土厚度（压实后厚度20 cm）的要求。

验收标准：压实度及CBR值等指标均需满足相关路基层位的技术要求；施工完毕验收合格后，后面施工工序正常进行即可。

（五）适用范围

此类处理方式不适用于重载交通的路床范围及低填浅挖路段。

（六）工程案例

东营市经济技术开发区某道路及周边环境提升工程位于东营市广利临港产业园区，道路全长3 749.015 m，其中机动车道宽23 m，道路结构层为20 cm 12%石灰土+两步20 cm水泥稳定碎石+7 cm AC-25c沥青混凝土+5 cm AC-20c沥青混凝土+4 cm SMA-13沥青玛蹄脂碎石。

该工程临近海岸线，地下水位高，路基清表后原路路基处于潮湿状态，因此需对路床进行针对性处理，路床采用30 cm 8%石灰土及30 cm 5%水泥固化土进行补强加固，如图3-2所示，水泥固化土处理潮湿路基的施工过程有如下几个方面。

（1）路床准备。清理路床表面，去除积水、杂物和泥浆等。对路床进行修整，确保表面平整、均匀。

（2）水泥固化剂准备和铺设。根据设计要求精确配比水泥和土壤，保证充分固化，采用水泥撒布车均匀撒布。

（3）拌和。用拌和机将水泥固化剂与土壤拌和均匀，确保固化剂充分渗透到土壤中。

（4）压实。使用振动压路机对铺设的水泥固化土料均匀、密实地压实，确保固化层的稳定性，压实过程中要确保密实度。

（5）养护。施工完成后需要对水泥固化层进行养护。养护时间一般为7～14天，以确保水泥充分固化。

（6）验收。完成水泥固化土处理后，进行验收工作，检查固化层的厚度、密实度等是否符合要求。

图3-2　水泥固化土处理潮湿路基

四、盐渍土路段路基处理

（一）盐渍土分类

盐渍土是盐土和碱土以及各种盐化、碱化土壤的总称。盐土是指土壤中可溶性盐含量达到对作物生长有显著危害的土类。盐分含量指标因不同盐分组成而异，如表3-6所示。碱土是指土壤中含有危害植物生长和改变土壤性质的多量交换性钠。盐渍土主要分布在内陆干旱、半干旱地区，滨海地区也有分布。盐渍土的工程特性十分复杂，它的力学性质与成因类型、地理环境、含盐性质、气候变化等因素有密切关系。盐渍土化学性质的多变性所造成的危害是难于估计的。盐渍土本身是环境的产物，它的一切性质是受环境制约的，所以说，盐渍土是一种典型的环境土。黄河三角洲地区濒临莱州湾，区域内有盐渍土分布。

表3-6　盐渍土按盐渍化程度分类

盐渍土类型	细粒土土层的平均含盐量（以质量百分数计）		粗粒土通过1 mm筛孔土的平均含盐量（以质量百分数计）	
	氯盐渍土及亚氯盐渍土	硫酸盐渍土及亚硫酸盐渍土	氯盐渍土及亚氯盐渍土	硫酸盐渍土及亚硫酸盐渍土
弱盐渍土	0.3～1.0	0.3～0.5	2.0～5.0	0.5～1.5
中盐渍土	1.0～5.0	0.5～2.0	5.0～8.0	1.5～3.0
强盐渍土	5.0～8.0	2.0～5.0	8.0～10.0	3.0～6.0
过盐渍土	>8.0	>5.0	>10.0	>6.0

注：离子含量以100 g干土内的含盐总量计。

（二）盐渍土特点

黄河三角洲地区的盐渍土为氯盐渍土，主要成分是NaCl、KCl，细粒土中氯盐渍土及亚氯盐渍土的含盐量为0.3%～0.5%，属于弱盐渍土，具有以下特点。

1. 溶陷性

盐渍土在干燥气候条件下具有遇水沉陷的特性，称为溶陷性。溶陷性的大小与可溶性盐类的性质和含量有关，还与盐渍土的成因有关。当溶陷性系数大于0.01时，为溶陷性盐渍土。黄河三角洲地区的盐渍土溶陷性系数一般小于0.01，为非溶陷性盐渍土，且分布在地表，对工程影响很小。

2. 盐胀性

以含硫酸钠（芒硝）为主的盐渍土表层（约1 m），由于盐胀作用使土的空隙增大，土粒松散，形成与盐结壳脱离的蓬松层。这种盐胀作用常使路面、机场跑道、建筑物室外地坪、台阶等发生破坏。在1.5倍标准冻结深度范围内，硫酸盐含量超过1%时，考虑土的盐胀性。黄河三角洲地区的盐渍土为氯盐渍土，硫酸钠含量极低，可不考虑其盐胀性。

3. 对混凝土的侵蚀性

盐渍土及其地下水对混凝土的侵蚀性可分为三种类型：溶出型侵蚀、酸性结晶侵蚀和碱性侵蚀。

溶出型侵蚀是指地下水中游离的碳酸根、碳酸氢根等负离子在一定条件下能与混凝土表面的碳酸钙与氢氧化钙等发生作用，生成可溶性的碳酸氢钙而导致混凝土强度降低。特别是在强透水土层中，地下水补给源中含有碳酸盐类时，易发生溶出型侵蚀。

酸性结晶侵蚀主要是地下水的硫酸根离子与混凝土中的铝酸三钙作用生成钙矾，使混凝土强度丧失。

碱性侵蚀是指当碱溶液 NaOH 浓度较大且有 CO_2 存在时，NaOH 渗入混凝土空隙，形成具有 10 个结晶水的碳酸钠，其体积可为原来的 2.5 倍，对混凝土强度同样会造成一定的危害。

黄河三角洲地区盐渍土主要为酸性结晶侵蚀，侵蚀等级为无侵蚀或弱侵蚀；盐渍土路基的腐蚀等级为弱腐蚀或中等腐蚀。

4. 对钢材的腐蚀性

通常认为氯离子是地下钢材受腐蚀的主要因素。黄河三角洲地区的盐渍土为氯盐渍土，氯离子含量较高。根据《岩土工程勘察规范》（GB 50021—2001），判定其对钢筋混凝土结构中的钢筋为中等腐蚀性或强腐蚀性。

（三）施工方法及验收标准

常规盐渍土路基处理方式一般采用换土或设置毛细水隔断层的方式。

（1）换土。挖除盐渍土，重新填筑合格路基填料。换土适用于溶陷性高、地下水位深的盐渍土路段。此处理方式最直接，但是挖除的盐渍土堆放需经当地政府统一安排，合格路基填料则需寻找新的土场，对平原地区来讲需要增加临时占地。黄河三角洲地区盐渍土为非溶陷性，而且地下水位高，挖除盐渍土后路基降水等问题随之而来；而且，黄河三角洲地区地处平原，路基为填方路基，路基填料所需数量较大，采用换土方式增加了路基填料的数量，费用高，一般不采用此处理方式。

（2）设置毛细水隔断层。此方法适用于盐渍土层较厚且地下水位较高的路段，一般采用设置不小于 30 cm 级配碎石垫层，铺设复合土工膜，铺设水泥土隔断层，铺设石灰、水泥综合稳定土等处理方式。

黄河三角洲地处黄河冲积平原，砂石料奇缺，所需砂石料均为远运而来，造价高，所以设置不小于 30 cm 级配碎石垫层能达到处理盐渍土的效果，但并非最佳方案。

铺设复合土工膜可有效阻断毛细水上升，而且此方法造价低，是理想的盐渍土处理方案；土工膜应符合以下要求，如表3-7所示。

表3-7　盐渍土隔断复合土工膜性能要求

性能指标	复合土工膜类型	
	一布一膜	两布一膜
布（质量，g/m²）/膜（厚，mm）	布/膜≥（250/0.25）	布/膜/布≥（150/0.3/150）
总厚度（mm）	≥1.9	≥2.4
极限抗拉强度（kN/m）	≥14	≥17
极限伸长率（%）	≥30	
CBR顶破强度（kN）	≥2.5	≥3.0
撕破强度（kN）	≥0.35	≥0.42
垂直渗透系数（cm/s）	K（$10^{-9} \sim 10^{-12}$）	

　　黄河三角洲地区一般为弱盐渍土，正常可选择一布一膜的复合土工膜，但考虑施工工艺及施工队伍的水平问题，可选择两布一膜的复合土工膜。

　　复合土工膜施工时应避开雨天，防止土工布内包裹雨水无法下渗；土工布下路基应满足相关路基指标要求。

　　铺设水泥土隔断层或石灰、水泥综合稳定土隔断层；黄河三角洲地区土质以粉质亚黏土、粉砂土为主，单独水泥掺量超过5%（质量比）容易产生裂缝且当土质为湿陷性黄土（东营当地俗称砂土）时稳定效果差，达不到阻断盐渍土毛细水上升的效果；石灰水泥综合稳定土则能较好地阻断盐渍土毛细水上升的问题。

　　依据东营市既有工程室内试验数据，配合比为5∶100的水泥处治盐渍土的7天浸水无侧限抗压强度约为0.5 MPa；配合比为3∶5∶100的水泥石灰处治盐渍土的7天浸水无侧限抗压强度约为0.7 MPa；配合比为4∶4∶100的水泥石灰处治盐渍土的7天浸水无侧限抗压强度约为0.831 MPa；黄河三角洲地区石灰价格高于水泥价格，因此配合比为4∶4∶100的水泥石灰综合稳定土性价比高于配合比为3∶5∶100的水泥石灰综合稳定土。

　　综合考虑，盐渍土路段路基处理采用铺设土工布或4∶4∶100的水泥石灰综合稳定土处理；非湿陷性黄土路段可采用5%水泥土处理。

　　（3）验收标准。压实度及CBR值等指标均需满足相关路基层位的技术要求；施工完毕验收合格后，后面的施工工序正常进行即可。

（四）适用范围

　　此类处理方式不适用于重载交通的路床范围内及低填浅挖路段。

五、抛石挤淤

（一）作用机理

抛石挤淤常用于液性指数大、流动性大的软弱路基的处理，从另一种程度上来说也是特殊的置换。其主要是通过向软基抛入符合规定的碎石、片石等材质坚硬、稳定性好的材料，在力的作用下，使土体产生滑移，直至路基表面的淤泥质土挤出路基的范围。在其处理的过程中，软基的淤泥质土一直处于失稳状态，抛石的速度越快，高度越高，其落入地面时能量就越大，碎石下落的深度不断增大，路基残余的淤泥就越少，路基的承载力则越大、稳定性越好。由此可见，抛石速度和高度对软基的处理效果有直接的影响。

抛石挤淤法施工工艺简单，施工工期相对较短，特别适用于长期存有积水的池塘以及流动性较大、表面土层厚度较薄、无硬壳的路基，碎石能沉达底部 3～4 m 的软弱路基。

（二）抛石挤淤的设计

1. 抛石挤淤堆石高度

抛石挤淤堆石高度必须大于淤泥的堆石极限高度，可按下式进行计算：

$$H=\frac{(2+\pi)C_u+2\gamma_S D}{\gamma}+\frac{(4C_u+2\gamma_S D)D}{\gamma B}+\frac{2\gamma_S D^3}{3\gamma B^2} \qquad （3-1）$$

式中，C_u——淤泥挡板抗剪强度（kPa）；

γ_S、γ——分别为淤泥及换填堆石重度（kN/m³）；

B——换填体的宽度（m）；

D——换填体在淤泥中下沉深度（m）。

换填体高出淤泥面的高度：

$$h=H-D \qquad （3-2）$$

在施工中，为使挤淤换填达到设计深度，必须尽可能地高速、连续、全断面进行抛石挤淤，填料应级配良好。

2. 材料要求

滨海地带，软弱土层相对平坦，成流塑状，使用一般材料难以成功，为达到预期效果，宜采用不易风化的中硬、硬质片石，尺寸一般不小于 300 mm，其中小于 300 mm 粒径的含量不得超过 20%，抗压强度不小于 30 MPa，含泥量应低于10%。

（三）抛石挤淤的施工

1. 工艺流程

抛石挤淤施工工艺流程如图3-3所示。

图3-3　抛石挤淤施工工艺流程

2. 施工要点

（1）施工准备。在抛石挤淤施工前，应落实好各项准备工作。做好材料试验，保证抛填材料满足设计要求。完成测量放样工作，将用地红线坐标放样至施工场地。施工人员、施工机械均已进场，必要时应选取试验段，确定最佳机械作业参数。全面调查作业区域内水系环境，保证水系畅通，减少干扰。

（2）抛石挤淤。按照抛填深度进行抛填作业，依靠挖掘机由中间向两侧抛填片石，首先沿路基中线进行抛填，然后逐步进行两侧的抛填工作，抛填时应保持对称，有利于淤泥从路基的两侧排挤出以及装载机和推土机的相互配合。当原地面较陡，坡度大于1:10时，按照由高至低的顺序进行抛填，以保证较多片石堆积在较低一侧。当抛填的片石完全压入软弱土后继续第二层片石的抛填，直至作业机械施工时无下沉现象则完成抛填工作，抛填片石应高出原地面。

（3）整平。抛填工作完成后，利用推土机将抛填片石进行整平，为方便碾压密实，对大粒径片石进行解体处理，对不平整之处填补碎石找平，直至片石之间无明显高差。

（4）碾压。采用重型振动压路机分层碾压，按照从低到高次序，并在片石缝隙中添加小粒径碎石找平后反复碾压，碾压时先轻震后重震，直至碾压合格。为保证压实效果，前后相邻两次碾压轮迹应重叠0.3～0.5 m。淤泥挤出后采用挖掘机与自卸车把挤出的淤泥运至弃土场，并再抛出片石进行碾压。

（5）检测。施工完成后进行承载力试验。

（四）工程案例

东营市东城道路改造工程温州路项目工程，温州路是一条位于东城，集开发建设、生产及生活服务于一体的城市次干路，道路全长1 214.08 m。道路红线宽度28 m，机动车道宽度15 m，人行道和机动车道之间绿化带1.5 m，两侧非机动车道各2.75 m，两侧人行道各2.25 m。机动车道道路结构形式采用素土夯实+路床顶30 cm厚采用5%水泥固化土处理+15 cm厚10%石灰土+15 cm厚12%石灰土+18 cm厚水泥稳定碎石+透层乳化沥青（1.2 L/m²）+1 cm厚碎石封层+6 cm厚中粒式沥青混凝土+黏层乳化沥青（0.5 L/m²）+4 cm厚SMA-13沥青玛蹄脂碎石混合料厚细粒式沥青混凝土。

在温州路北部存在较大面积水坑，水坑淤泥层厚度较大，采用深层处理或换填方式经济性较差，因此采用抛石挤淤进行淤泥软土处理。抛石挤淤采取机械和人工相结合的方式，以便于增加块石的密度，能够更大程度地挤出淤泥。抛石顺序应从中部开始，然后逐渐向两边展开，使淤泥向两边挤出。当抛出的块石露出淤泥面一定高度后，用压路机进行碾压，碾压遍数视淤泥挤出情况而定。碾压一定遍数后，待块石层稳定后，填筑10 cm小粒径碎石，然后继续碾压，当沉降稳定后，可停止碾压，本项目碾压遍数应在5遍以上。（图3-4）

图3-4　抛石挤淤法处理淤泥软土路基

六、冲击碾压

作为新型的浅层路基处理技术，冲击碾压在国内外公路、水利水电、机场、港口以及采矿等工程实践中得到了广泛应用，通过非圆形冲击轮对土体进行反复冲击、揉压，使土体中的孔隙产生强制压缩，实现对路基的有效压实。与传统压实技术相比，冲击碾压技术具有高振幅、低频率的特点，在缩短施工工期、节约工程费用以及增加路基处理效果方面具有明显优势。

（一）工作原理

1. 冲击碾压设备

冲击式压路机主要由冲击轮、机架、连接机械架和牵引机四部分构成，与传统压路机相比，其最大特点是采用正多边形冲击轮。

根据冲击轮边数的不同，分为三边形冲击轮、四边形冲击轮、五边形冲击轮。

根据冲击轮的个数，分为单轮冲击轮和双轮冲击轮。

根据冲击轮的结构类型，分为实体轮冲击轮、可填式冲击轮、空心轮冲击轮等。

根据牵引方式的不同，分为自行式冲击轮和拖式冲击轮。

根据冲击能量的不同，分为 15 kJ 冲击轮、20 kJ 冲击轮、25 kJ 冲击轮、30 kJ 冲击轮 等。

冲击式压路机所具有的动力来自三部分。

（1）冲击轮重心位置提升所蓄的势能。

（2）冲击轮转动的动能。

（3）冲击轮在滚动过程中克服土体变形所做的功。

显然，冲击能量的大小与碾轮的质量、质心的高度、牵引的速度、非圆形轮廓的边数和土质等参数有关。但冲击轮的势能是基本的，可表征的，其他方面的动力不易表征，故采用冲击轮的势能作为冲击式压路机的型号，目前，双轮三边形冲击压路机基本型号的能量为 25 kJ，五边形冲击压路机基本型号的能量为 15 kJ。

2. 压实机理

在牵引力作用下，冲击碾压轮在行进过程中获得较高的势能和动能，在与土体接触的瞬间，冲击轮势能转化为动能，同时将巨大的冲击能量传递到土体中，以此作用于软土路基形成较强冲击波，同时辅以滚压和揉搓，使土体颗粒发生剪切变形，土颗粒重新组合，彼此挤密，排出原有孔隙中的空气和水分，形成密实整体，在增加土体整体强度和稳定性的同时，降低毛细水作用，提高水稳定性。

冲击碾压集静力碾压、振动碾压与强夯特点于一身，通过高幅低频获得较大的冲击力，碾压效果好、施工速度快、工艺流程简单，既能有效提高路基的压实质量与承载力，使路基结构更加稳定，又能使路基在冲击作用下提前沉降，避免路基因工后沉降过大而引发道路开裂、错台、大面积沉陷等问题。

（二）冲击碾压的设计

目前，冲击碾压技术应用广泛，也取得了很好的效果，但由于各种工况下地形地貌、土质条件、公路等级等条件各不相同，冲击压实效果差异较大，所以应提前做好适用性分析，通过试验段处理确定合适的设计参数。

1. 适用范围

（1）冲击碾压技术主要应用于以下方面：① 湿陷性黄土、软土、膨胀土等不良路基、路堑的冲击碾压处理；② 高路堤、路床、填挖交界路基的冲击增强补压；③ 路堤等的分层填筑冲压；④ 旧砂石路、旧沥青路的冲击碾压与加宽部分的增强补压；⑤ 旧水泥混凝土路面的冲击破碎碾压等；⑥ 对于风积砂、盐渍土等特殊土，在试验段试验结果的基础上，经过充分论证方可实施。

（2）不宜采用冲击碾压的路段：① 加筋挡土墙路段；② 旧路改建中挡土墙、桥梁和涵洞等承载力不足以承受冲击碾压荷载的路段；③ 含水量超出范围，经冲击碾压试验验证效果不明显的路段；④ 路基增强补压试验段冲击碾压20遍后平均下沉量小于或等于30 mm的路段；⑤ 构造物安全间距不足的路段；⑥ 有特别需要保护的建筑物路段。

不同类型冲击式压路机具有不同的适用条件，如表3-8所示。

表3-8　不同类型冲击式压路机具的适用条件

型号	用途				
	路基与路堑冲压	土石混填、填石路堤分层冲压	路基冲压补压	旧砂石（沥青）路面冲压	旧水泥混凝土路面冲压
三边形（25 kJ）	适合	适合	适合	适合	不宜采用
四边形	效果一般	效果一般	效果一般	效果一般	适合
五边形	效果一般	效果一般	效果一般	效果一般	适合

2. 设计参数选择

路基冲击碾压工艺参数的设计主要包括土体含水率、碾压速度、碾压遍数、碾压方式、铺层厚度、安全距离等。

（1）土体含水率。影响压实效果最显著的因素为土体含水率，土体含水率在最佳含水率附近时，压实效果最好。土体最佳含水率一般是通过室内重型或轻型击实试验测得的，所采用的击实功不同，则所测取的最佳含水率也不同。由于冲击压实的能量较大，在该击实功作用下，土体最佳含水率一般小于室内击实试验的测量值，而冲击压实的能量又与冲击压实机械本身的质量、冲击轮形状、行驶速度等关系密切，较难准确计算其击实功的大小。

工程实践证明，对于4<IP≤11的粉土，含水率宜控制在wop-3%～wop+2%；对于IP≤4的粉土，含水率宜控制在wop-4%～wop+3%。

（2）碾压速度。碾压速度直接关系到冲击压实功的大小，速度越快，冲击压实功越大。较慢的行驶速度可保证土体的变形完全或大部分转换为塑性变形，达到较好的压实效果；但速度过慢，压实功不足，则较难克服土颗粒间的黏聚力，不能对土体产生有效的压实；若速度过快，将导致冲击轮与被压实土体的接触时间变短，土体的变形在转变为塑性变形前便得到恢复，压实效果较差。因此，冲击式压路机的行驶速度应控制在一定的范围内，工程实践证明，速度为10～15 km/h时较为合适。

（3）碾压遍数。被压实土体的压实度与碾压遍数密切相关，碾压遍数增加，其压实度越高，但当压实变数超过某一值时，压实度增量较小或不再变化，此时若继续增加碾压遍数，只会降低生产效率，因此，对于某种特定的土体与冲击式压路机，碾压遍数应有一最佳值。大量的试验研究表明，碾压遍数控制在15～30遍时，压实效果较好，压实效率较高。

（4）碾压方式。目前，路基的压实大多采用"前轻后重，先慢后快，由弱振到强振"的原则，对于冲击碾压施工，首先应采用光轮压路机碾压1～2遍进行初步定型，然后进行冲击碾压作业，由路基一侧向另一侧逐步推进，冲碾作业完成后，用刮平机将表面凹凸不平处进行整平，再用光轮压路机将表层松土压实，而后进行下一层填土的施工。

（5）铺层厚度。铺层厚度应在满足压实度要求并保证压实效率的前提下确定，铺层厚度薄时压实度较高，但压实效率偏低、铺层厚度大时，需增加较多的压实遍数才能达到压实度要求，经济性较差，因此，铺层厚度应有一最佳范围。在进行路基分层压实时，若采用普通压实机械，高速公路和一级公路的铺层厚度一般不超过30 cm，而采用冲击式压路机进行碾压，由于其作用深度加大，其铺层厚度一般取为60～100 cm，对于不同的被压材料，其最佳铺层厚度也有变化。

（6）安全距离。冲击式压路机行驶速度快，冲击力大，对附近的建筑物、构造物、精密仪器仪表等会有一定的影响，因此，应保证冲击作用位置与影响物的安全距离，如表3-9所示。除此之外，还应考虑当地居民的反应。

表3-9 冲击碾压水平安全距离

构造物类型	冲压水平安全距离	构造物类型	冲压水平安全距离
U型桥台和涵洞通道	距桥台翼墙端或涵洞通道5 m	导线点、水准点、电线杆	10 m
其余类型桥台	10 m	地下管线	5 m
重力式挡墙	距墙背内侧2 m	互通式立交桥梁	10 m
扶壁（悬臂）式挡墙	距扶（立）壁内侧2.5 m	建筑物	30 m

正常使用的构造物顶部以上填土高度大于2.5 m或填石高度大于3.0 m，土工格栅等合成材料竖向填土厚度大于1.5 m，可直接进行冲击压实。

对于不符合上述安全距离但又需施工的，可采取以下两种措施：① 开挖宽 0.5 m、深 1.5 m 左右的隔震沟进行隔震；② 降低冲击式压路机的行驶速度，增加冲压遍数。

（三）冲击碾压的施工

1. 工艺流程

冲击碾压施工工艺流程，如图3-5所示。

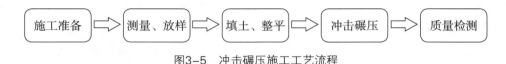

图3-5　冲击碾压施工工艺流程

2. 施工要点

（1）施工准备工作。首先，对路基进行清理。在清理时技术人员需要严格检查路基构筑面、碾压施工位置，确保将施工残料、植被及各种类型的杂物全部清理干净。其次，开展含水量检查。路基含水量如何将直接影响到碾压施工质量。技术人员在准备阶段需严格按照标准开展严格检查，确保路基含水量达到工作要求。若出现了超标准的问题，需对超标的原因进行分析和研究，最大限度地控制路基含水量，为高质量开展碾压施工提供更高的条件。再次，选择沉降观测点。在碾压过程中，对路基沉降量进行全面观测是重要的内容，在具体施工的过程中，技术人员需要对碾压施工沉降情况进行全面的观测，并进行实时记录，将数据全部保存好。此外，还需要对路基表层进行处理，特别是不平整的位置应当全部处理平整，对于凹凸的石块应当及时处理干净。若在碾压施工之前，路基结构整体的含水量偏低，在碾压之前，技术人员应当开展洒水处理。

（2）路基检测和测量放样技术。在冲击碾压技术应用的过程中，开展高质量的路基检测和测量放样工作非常关键。在具体实施中，对于路基检测环节，技术人员应当选择使用科学检测方式和方法对路基施工材料与路基土进行有针对性的检测，特别是需要对施工材料与路基土技术参数进行针对性的测算，确保达到施工质量要求，满足路基土路基建设承重要求。在具体操作时，可对路基填筑料的最大干密度、最佳含水量等进行测算，并选择使用灌砂法对路基表层是否达到了密实度要求进行分析。此外，在测量放样的过程中，需要使用冲击压实试验和控制轴线等方式，全面做好测量放样工作。

（3）路基填土和整平技术。该环节是冲击碾压技术使用的关键环节之一。在具体实施中，技术人员可通过铺设方格网等方式，严防冲击碾压过程中，路基土在外在压力和冲击的作用下，向两侧出现位移的情况。同时，技术人员通过对路基表层结构下方20 cm路基开展含水量检测的方式，防止路基含水量在8%之下，而对路基碾压施工带来负面影响。

（4）冲击碾压作业技术。从当前冲击碾压技术在高速公路路基中的使用情况来看，冲击碾压的方法、速度、次数及作业流程等均会影响到冲击碾压效果。为了更好地提升冲击碾压技术应用效果，在具体施工的过程中，应重点把握如下环节：首先，全面分析高速公路实际情况，根据冲击碾压技术的要求，以项目中心线为轴线，选择使用错轮回转方法进行碾压作业。其次，技术人员对公路路基的施工环境、填土性质、路基含水量等进行综合考量，一般情况下控制冲击碾压机的速度在10～12 km/h，同时应当保持匀速前进，距离路肩边缘应当控制在1 m以上的安全施工距离。再次，根据高速公路对路基压实度的实际要求，充分考虑松土厚度参数，冲击碾压次数一般在25次左右，全面提升路基压实度。最后，为了更好地提升路基碾压过程中，冲击环节的均衡性、平稳性，防止出现不同轨迹间的相互重叠，在施工过程中，一般情况将纵向冲压交错在1/6个周长，横向间隙在20 cm左右，在完成了5次冲击压操作之后，应当转变压实的方向，从而达到对路基错峰碾压、波峰碾压的效果，更好地提升碾压作业的整体施工质量。

（5）质量检测技术。在冲击碾压技术施工过程中，全面做好碾压质量检测非常关键。在具体实施中，在完成了碾压作业之后，技术人员应当从压实度、厚度等角度对路基冲击碾压的效果进行全面检验。在具体检验时，厚度检测从压实、松铺等方面开展定点观测，同时进行抽样测量。在压实度检测的过程中，可选择使用灌砂法，对每个断面，可选择5个位置作为具体的检测点，从而更好地确保压实度检测的准确性。

第四章

《《《 机械振密排水固结路基

第一节 概 述

改革开放以来，随着东部沿海城市的开放，城市经济迅猛发展，土地需求日益增加。特别是近年来，大量流动人口涌入城市，土地资源相对紧缺成为制约城市发展特别是沿海城市发展不可忽视的一个重要问题。同时，我国海域幅员辽阔，蕴藏着丰富的海洋资源，然而大部分岛礁规模较小，并不能充分保障驻岛礁军民安全作业。于是，吹填造陆成为保障国家利益并解决城市土地资源短缺问题的首选途径。

吹填土又名冲填土，是在整治和疏通江河航道时，用挖泥船和泥浆泵把江河、港口或浅海底部的泥沙通过水力吹填而形成的沉积土。在吹填过程中，泥沙结构遭到破坏，以细小颗粒的形式缓慢沉积，因而具有天然含水量和孔隙比大、高压缩性、低承载力等特点。由吹填土构成的路基，其工程性质与吹填料的颗粒组成和沉积条件密切相关，一般情况下路基强度很差，不能直接用于工程建设，需要进行路基处理。

目前，吹填土路基处理方法的主要机理是建立在良好排水通道的基础上，通过夯、压、挤等物理方式使土体内外产生压差，在压差作用下使超孔隙水压力快速消散、有效应力显著增长，从而加速排水固结过程，使路基在较短时间内产生较高强度。常用的物理加固方法有强夯法、高真空击密法及真空预压法等。

机械振密排水固结路基处理施工工法在研究现有动力排水固结方法的基础上，结合工程的具体要求对施工流程及施工工艺进行优化创新，以其施工快速简便、质量便于控制、整体费用较低的特点，现已在多个大面积饱和吹填土路基处理工程中得以应用，为社会带来了较大的经济效益，同时也为今后在大面积饱和吹填土路基处理施工领域的技术发展打下了坚实的基础。

第二节　作用机理

在荷载作用下，饱和软黏土路基孔隙中的水被慢慢排出，孔隙体积慢慢减小，路基发生固结变形，同时，随着超静水压力逐渐消散，有效应力逐渐提高，路基土的强度逐渐增长，现以图4-1为例作说明。当土样的天然固结压力为σ_0'时，其孔隙比为e_0，在$e-\sigma_c'$坐标上其相应的点为a点。当压力增加$\Delta\sigma'$，固结终了时，变为c点，孔隙比减小Δe，曲线abc称为"压缩曲线"。与此同时，抗剪强度与固结压力成比例地由a点提高到c点。所以，土体在受压固结时，一方面孔隙比减小产生压缩，另一方面抗剪强度也得到提高。如从c点卸除压力$\Delta\sigma'$，则土样发生膨胀，图中的cef为卸荷膨胀曲线，如从f点再加压$\Delta\sigma'$，土样发生再压缩，沿虚线变化到c'。从再压曲线fgc'可清楚地看出，固结压力同样从σ_0'增加$\Delta\sigma'$，而孔隙比减小值为$\Delta e'$，$\Delta e'$比Δe小得多。这说明，如果在建筑场地先加一个和上部建筑物相同的压力进行预压，使土层固结（相当于压缩曲线上从a点变化到c点），然后卸除荷载（相当于在膨胀曲线上由c点变化到f点），再建造建筑物（相当于在压曲线上从f点变化到c'点），这样，建筑物所引起的沉降即可大大减小。如果预压荷载大于建筑物荷载，即所谓"超载预压"，则效果更好，因为经过超载预压，当土层的固结压力大于使用荷载下的固结压力时，原来的正常固结黏土层将处于超固结状态，而使土层在使用荷载下的变形大为减小。

土层的排水固结效果和它的排水边界条件有关。图4-2（左）所示的排水边界条件即土层厚度相对荷载宽度（或直径）来说比较小，这时土层中的孔隙水向上面的透水层排出而使土层发生固结，称为"竖向排水固结"。根据固结理论，黏性土固结所需的时间和排水距离的平方成正比，土层越厚，固结延续的时间越长。为了加速土层的固结，最有效的方法是增加土层的排水途径，缩短排水距离。砂井、塑料排水带等竖向排水井就是为此目的而设置的。如图4-2（右）所示，这时土层中的孔隙水主要从水平方向通过砂井从竖向排出。砂井缩短了排水距离，因而大大加速了路基的固结速率（或沉降速率），这一点无论是在理论上还是在工程实践上都得到了证实。

黄河三角洲地区路基处理技术研究与工程实践

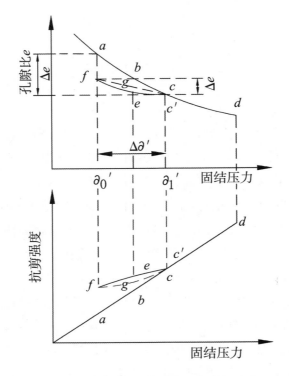

图4-1 排水固结法增大路基土密度的原理

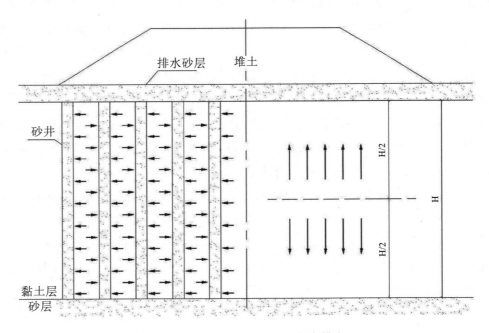

砂井地基排水　　　　　　竖向排水

图4-2 排水法的原理

在荷载作用下，土层的固结过程就是超静孔隙水压力消散和有效应力增加的过程。如路基内某点的总应力增量为 $\Delta\sigma$，有效应力增量为 $\Delta\sigma'$，孔隙水压力增量为 Δu，则二者满足以下关系：

$$\Delta\sigma'=\Delta\sigma-\Delta u \tag{4-1}$$

降水预压法是土层在降水范围内土的浸水重度变为饱和重度，因而产生了附加压力，使土层固结，有效应力增加。

机械振密排水固结路基处理施工工法是通过使用挖掘机清除表层浮土至水位标高后，用推土机对场地进行碾压，使浅层土体产生液化、涌水，然后将挖掘机铲斗插入土中一定深度并加以振冲，使影响深度范围内的深层土体产生液化，并在推土机碾压挤密的双重作用下，使超孔隙水压力在短时间内急剧增大，促使自由水、孔隙水、气沿纵向及横向排水、排气通道排出，并沿设置在场区周围的集水坑用潜水泵抽离场区，从而加速排水固结过程。振冲、碾压的遍数及间隙时间视出水量而定，一般经3～4遍振冲、碾压后排水便趋于稳定。振冲、碾压后的场地用经过晾晒后的干土分层回填压实，以减小孔隙比，增大密实度，降低渗透性，从而提高承载力。

该工法加固路基的机理主要表现在动力挤密、砂基预振等方面。

一、动力固结

当采用机械振密法加固饱和土路基时，是基于动力固结的机理，即巨大的振冲能量在土中产生很大的应力波，破坏了土体的原有结构，土粒重新排列并趋密实。另外，振冲荷载使土体发生局部液化并产生许多裂隙，增加了排水通道，使孔隙水顺利逸出，待超孔隙水压力消散后，孔隙比进一步减小，土体固结，干密度和内摩擦角增加，孔隙比减小，渗透性降低，从而改善了路基土物理力学性质。

二、动力挤密

当采用机械振密法加固多孔隙、粗颗粒、非饱和土路基时，是基于动力密实的加固机理，即用挖掘机铲斗的振冲及推土机碾压产生的冲击型动力荷载，使土体中的孔隙较少，土体变得密实，从而提高路基土强度。非饱和土的振冲密实过程其实就是土中气相被挤出的过程，其动力变形主要是由粗颗粒的相对位移引起的，在冲击能的作用下，地面会产生沉降并形成硬壳层，承载力可比振密前提高2～3倍。

三、砂基预振

经过预振后的砂质土路基基本消除了液化土的不利影响，比未经过预振的路基具有高得多的抗液化性能。

第三节　特点及适用范围

一、机械振密排水固结法的特点

针对吹填土及类似吹填土的高含水量、大孔隙比、高压缩性和低承载力特性的路基土，通过采用推土机碾压施工工艺，在动力荷载的作用下可使土体在较短时间内产生较大的孔隙水压力。随着水压力的消散、有效应力的增加，土体含水量降低，孔隙比减小。同时，重复碾压可以使土粒重新排列并趋密实，从而降低压缩性、提高承载力。

针对路基土排水性差及碾压后排水通道淤堵的情况，通过采用插入式振捣扰动工艺，撕裂土体形成贯通通道，保证土体内有足够的排水通道，促使自由水、孔隙水、气沿纵向及横向通道迅速排出，加速固结。

针对动力荷载在饱和土体中影响深度有限的情况，通过采用插入式振捣扰动工艺可以使深层土体产生液化，有效增加路基处理深度，形成稳定的硬壳层。

针对饱和填土在动力荷载作用下易液化的特性，通过振冲、碾压的预振工艺，可迅速使土体液化，消散后使有效应力在较短时间内得以提升，消除液化土的不利影响，提高路基土的抗液化性能。

降排水联合"轻夯多遍"的软基处理技术，是在降水基础上结合轻夯施工，一方面，利用轻夯产生的附加荷载加速超静孔隙水压力的消散、孔隙水的排出，形成动力排水加固效果，大大提高软土路基的排水加固速率；另一方面，经多遍轻夯后路基土压缩、密实，承载力同步提高。

针对沿海吹填土地区地下水位高，处理后的土体易受地下水恢复的不利影响，通过机械碾压、排水固结及分层回填碾压施工工艺，改变土体松散结构，使其密实度提升，孔隙比减小，渗透性降低，确保土体不受地下水恢复的不利影响。

二、机械振密排水固结法的适用范围

机械振密排水固结路基处理施工工法一般适用于处理以饱和的砂土、粉土及少量黏粒成分为主的欠固结路基，内陆河道土吹填区域及沿海欠固结区域路基均适用。当新近吹填的饱和土需在短时间内获得较高的路基承载力时，其效果尤为显著。

第四节 施工流程及施工要点

一、施工流程

机械振密排水固结路基处理施工工艺流程，如图4-3所示。

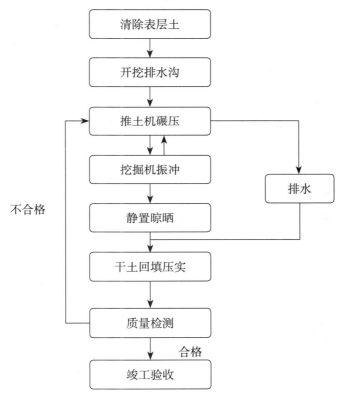

图4-3 机械振密排水固结路基处理施工工艺流程图

二、施工要点

（一）清除表层土

场地分块，表层清土厚度约50 cm或至地下水位处湿润土层即可。清表后开挖面应保证一定的纵向及横向坡度，纵坡度不小于0.3%，横坡度不小于1.5%。土方堆放高度不超过2.5 m，有条件时应对清表土进行晾晒，便于控制后期回填施工质量。

（二）开挖排水沟

沿开挖面长度方向在两侧开挖排水沟，沟底深度不小于 1.5 m，纵坡度不小于 0.3%。排水沟沟底较低处设集水坑，将所有明水汇集至此集水坑内，通过潜水泵管排方式排至场区外。

排水沟开挖宽度及深度要同时根据实际地质情况做合适调整。如果开挖明沟过程中出现明显的透水现象，要加宽开挖宽度，防止出现土方坍塌现象，影响排水。要严格控制排水沟深度，确保排水沟的排水坡度，同时整个明排水过程要有专人进行监护，查看排水沟的排水情况。

（三）推土机碾压

排水沟挖好后开始对推平的场地采用推土机进行碾压，碾压时沿直线依次进行，注意相邻碾压线之间不留间隙，通过碾压使场地表面出现涌水现象。经过碾压，处理区地面会产生沉降，此时应采取措施将处理区内的积水及时排至排水沟内。

（四）挖掘机振冲

场地经过碾压后，将挖掘机铲斗插入场地土中进行搅动，搅动时按先外后内沿直线逐点进行，搅动点按 3 m×3 m 方块分布，搅动点的深度不小于 1.5 m，每个点的有效搅动时间不小于 1 min，并且搅动影响范围在 4～5 m 内（每个区域的土质松软程度不同，搅动时间可根据实际情况适当增加）。若在搅动过程中搅动点周围土中出现水迹、搅动点周围土质变松软，则停止搅动，转为下一点进行搅动。整块区域搅动完毕，静止放置，待土壤中水分自行溢出，同时安排专人在场地表面上顺通流水线，确保溢出表层的水能顺利流至排水沟。

（五）重复机械碾压及振冲

待场地第一遍搅动完成后，静置 24 h，待表面不再冒水后继续采用推土机进入场地反复碾压，碾压 4 h 后场地表面出现较多涌水现象时便停止碾压，开始第二遍搅动。

采用挖掘机进行第二遍搅动时，由于经过第一遍搅动后土质已变松软液化，插入搅动点可加大到 4 m×4 m 方块。第二遍搅动时铲斗深入土中深度及搅动时间与第一次相同，但第二次搅动时必须确保搅动区域的土层完全液化成稀泥状，使土中水分完全涌出。

（六）排水措施

第二遍搅动完成后场地表面出现大量积水，需将表面积水排除。

由于碾压及搅动作用，土层中的水大量涌出，在第二遍搅动施工前，沿垂直于排水沟方向开挖几道宽 1 m、深约 50 cm 的横向排水沟，将场地的水引入主排水沟，排水沟间距为 15 m（间距可根据现场实际出水情况进行适当调整）。

场地搅动后若场地过于泥泞、机械无法进入开挖排水沟，可通过人工开挖排水沟向主沟引流。

场地搅动排水时可在场地边缘地势较低区域开挖积水坑，采用潜水泵配合排水，以加快排水速度。

机械搅动会造成场地内凹凸不平，许多低洼处的水无法通过明沟排出。由于搅动后土壤变为稀泥状，人工无法开挖形成有坡度的排水沟，所以，低洼处的水达不到潜水泵抽水深度时可把真空泵接降水管采用明吸的方式排出。

（七）静置晾晒

由于碾压搅动过程是对路基土结构、构造的搅动，使其强度暂时有所降低，饱和土体内产生较高的超孔隙水压。因此，碾压搅动结束后要静置一段时间，使强度恢复，待超孔隙水压消散以后再进行载荷试验。恢复期的长短需根据土的性质而定，黏性土孔隙水压力消散所需时间较长，砂性土孔隙水压力消散较快。对于饱和黏性土路基，恢复期不宜少于 28 天，对于砂土、粉土路基，不宜少于 7 天。

（八）干土回填压实

晾晒后的场地经验收完毕后方可进行干土回填压实。回填土采用开挖的表层土壤进行回填（开挖的土层含水量较大时需对土层进行翻晒），回填厚度超过 30 cm 时要分层回填压实，严禁采用含水率过高的土壤回填。回填过程中应使用同一标志控制回填标高，避免二次整平作业。回填后使用推土机碾压密实，准备质量检验。

第五节　质量检验

根据场区情况按网格布设静力触探孔、钻探取土孔、标准贯入试验孔或圆锥动力触探孔，进行场区普查以确定薄弱点，查明拟建场区范围内路基土的类型、深度、分布、工程特性，分析和评价路基的稳定性、均匀性、适宜性和承载力，提供各层土的物理力学性质统计指标，确定路基承载力特征值和压缩模量值。

结合场区普查结果，随机选择浅层平板载荷试验点的位置，进行静载荷试验，确定路基承载力特征值。

综合静力触探、标准贯入试验数据，结合浅层平板载荷试验结果分析评价，并得出结论。

一、静力触探试验

静力触探试验主要测定路基土的锥尖阻力及侧壁摩阻力，判定软土、一般黏性土、粉土以及压实、挤密路基的路基承载力、变形参数，结合前期资料评价路基处理效果。

测试设备采用全液压传动触探车，测试仪器采用静探数据自动采集仪（图4-4）。采用双桥探头（侧壁面积为 200 cm²，锥尖锥角为 60°，见表4-1），匀速垂直压入土中。静力触探的贯入设备、探头、记录仪和传送电缆作为整个测试系统，在进场前应进行率定。

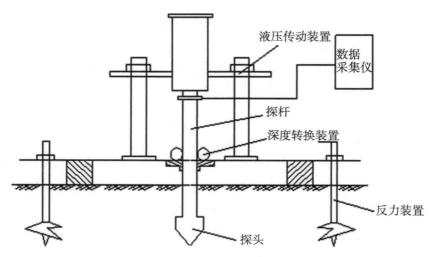

图4-4 静力触探试验装置示意图

表4-1 双桥探头的规格

设备	型号	探头直径（mm）	探头截面积（cm²）	摩擦筒表面积（cm²）	锥角（°）
双桥探头	Ⅱ-1	35.7	10	200	60

（一）静力触探试验技术要求

（1）贯入前应对探头进行试压，确保顶柱、锥头、摩擦筒能正常工作。

（2）装卸探头时，不应转动触探头。

（3）先将触探头贯入土中 0.5～1.0 m，然后提升 5～10 cm，待记录仪无明显零位漂移时，记录初始读数或调整至零位，方能开始正式贯入。

（4）触探的贯入速率应控制为（1.2±0.3）m/min。在同一检测孔的试验过程中宜保持匀速贯入，采样间距为 10 cm。

（5）应及时准确地记录贯入过程中发生的各种异常或影响正常贯入的情况。

（二）终止试验条件

（1）达到试验要求的贯入深度。

（2）试验记录显示异常。

（3）反力装置失效。

（4）触探杆的倾斜度超过10°。

二、标准贯入试验

标准贯入试验主要是对人工填土、饱和粉土、砂土的液化进行判别，并确定路基土的均匀性和承载能力。对于压实、挤密路基，可结合处理前的相关数据评价路基处理的有效深度。

该试验采用质量为 63.5 kg 的重锤，按照 76 cm 的落距自由下落，将标准规格的贯入器（表4-2）打入地层，记录相应的锤击数，判定土层性质。

表4-2 标准规格的贯入器规格

落锤		锤的质量（kg）	63.5
		落距（cm）	76
贯入器	对开管	长度（mm）	500
		外径（mm）	51
		内径（mm）	35
	管靴	长度（mm）	76
		刃口角度（°）	20
		刃口单刃厚度（mm）	2.5
钻杆		直径（mm）	42
		相对弯曲	<1/1 000

标准贯入试验的技术要求有如下几个方面。

（1）试验孔钻至进行试验的土层标高以上 15 cm 处，清除孔底残土后换用标准贯入器，并量得深度尺寸后再进行试验。试验应采用自动脱钩的自由落锤法进行锤击，并采取减小导向杆与锤间的摩阻力、避免锤击时的偏心和侧向晃动以及保持贯入器、探杆、导向杆连接后的垂直度等措施，贯入器打入试验土层中15 cm应不计数。

（2）继续贯入，应记录每贯入10 cm的锤击数，累计30 cm的锤击数即为标准贯入击数。

（3）锤击速率应小于30击/min，采样竖向间距应为1.0 m，终孔深度为4.0 m。

（4）贯入器拔出后，应对贯入器中的土样进行鉴别、描述、记录，并留取土样进行颗粒分析试验。

三、浅层平板载荷试验

浅层平板载荷试验主要用于确定浅部路基土层承压板下压力主要影响范围内的承载力和变形模量。

载荷试验采用慢速维持荷载法，以刚性压重平台作为反力装置，试验板尺寸为1.0 m×1.0 m，用千斤顶配合压力表控制加卸载量，用百分表测量路基沉降。图4-5为浅层平板载荷试验装置示意图。

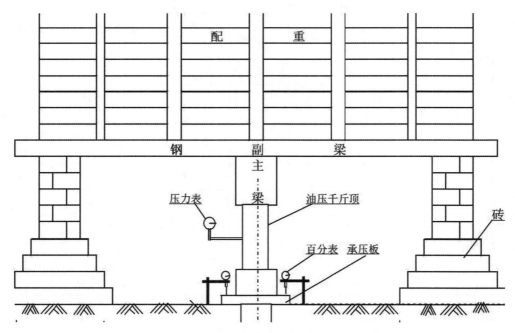

图4-5　浅层平板载荷试验装置示意图

浅层平板载荷试验的技术要求有如下几个方面。

（1）荷载分级。加载分级为10级，最大加载量不应小于设计要求的2倍。

（2）沉降测读每级加载后，按每隔 10 min、10 min、10 min、15 min、15 min，以后为每隔 0.5 h 测读一次沉降量。当在连续 2 h 内，每小时的沉降量小于 0.1 mm，则认为已趋稳定，可加下一级荷载。

（3）终止加载条件方法。按照规程，当试验过程中出现下列情况之一时，终止加载并卸荷：① 承压板周围的土明显地侧向挤出；② 沉降率急骤增大，压力–沉降（p–s）曲线出现陡降段；③ 在某一级荷载下，24 h 内沉降速率不能达到稳定；④ 沉降量与承压板宽度或直径之比大于或等于 0.06。

静载试验仪器设备，如表4-3所示。

表4-3　静载试验仪器设备

设备	型号	量程	准确度
千斤顶	QW50 t	0～500 kN	0.3%
压力表	YB-150	0～100 MPa	精度 0.4 级
百分表	0-50-0.01	0～50 mm	0.01 mm

第六节　安全及环保措施

一、安全措施

（一）安全施工措施

（1）现场认真贯彻落实"安全为了生产，生产必须安全"的安全生产方针，严格落实安全生产管理制度。

（2）现场成立文明安全施工领导小组，由该工程项目经理任组长，设专职安全员，根据文明安全施工的规章制度，落实安全管理人员岗位责任制。

（3）路基处理工程施工前，了解周边相关单位的意见并提出切实可行的解决措施，确保周边单位的正常作业安全。

（4）设专人定时定期对施工现场进行检查，如发现问题及时向项目经理部汇报，避免事故的发生。

（5）排水沟区域设安全警示标志。

（6）在挖掘机作业过程中，其回转半径内严禁站人或逗留。

（7）若出现地表下陷情况，机械要迅速后退至安全区域。

（8）开挖土堆放整齐，高度不超过2.5 m，坡角小于45°。

（9）布置任务时要进行详细的安全技术交底，做好记录。施工中严格执行安全操作规程。

（10）施工现场禁止吸烟，进入现场必须戴好安全帽，系好帽带。

（二）施工机械安全防护措施

（1）施工机械现场维修、保养实行管、用、修一体化的设备管理，并做好日常例行保养，按时填写机械履历书。

（2）机械操作实行定人、定机、定岗的"三定制度"和机长负责制，落实交接班制度，司机必须持证上岗，严格遵守操作规程，杜绝重大机械设备事故的发生。

（3）保证现场机械行驶道路畅通，严格控制道路坡度、转弯半径，并平整压实场地，确保机械行走和车辆安全。

（三）临时用电安全防护

（1）电气设备的使用必须避免对电气安全不利的环境，如潮湿、水、油等。电气设备在接通电源之前，除做常规绝缘测试之外，还必须检查是否有工具、异物等的存在。

（2）电器电线安装必须由电工操作，非电工不得操作。

（3）施工机具车辆及人员应与内外线路保持安全距离，必要时采取可靠的保护措施。

（4）使用电动、手动工具必须佩戴绝缘手套、穿绝缘鞋，机具的电源线、插头、插座应完好。

（5）配电采用三相五线制的接零保护方式，其他项目也应采取相应的接零接地保护方式。施工机械应做到一机一闸，并安装漏电保护器。

（四）预防压重平台倾倒措施

（1）承重墙下路基要处理牢固，用建筑垃圾铺平压实，满足试验安全要求。

（2）两个承重墙高度要一致，用水准仪控制承重墙高度。

（3）配重吊装过程中设专人指挥，保证每层组装配重的垂直度。

（4）压重平台四周5 m范围内用警戒线围挡，并挂警示牌，允许场地可适当放大。

（5）在试验过程中，安全员仍需对配重稳定性进行定时或不定时抽查。

二、环保措施

（1）施工污水经排水泵、截水沟引出施工区，经沉淀后再排入污水管道。

（2）尽量控制使用噪声大的施工机械，及时检修、保养设备，使设备低磨损、低噪声地正常运转，尽量少地产生污染。

（3）沉淀池要定时清理，清出的废浆应及时运出现场，以防污染周边环境。

（4）施工后的废油、废渣、废液及其他废弃物，不得乱丢乱甩，要单独收集，统一处理。

（5）遵守国家环境保护法规，接受当地环保部门指导和监督。

（6）严格执行ISO14000环境管理体系，减少工地的粉尘、噪声污染。

（7）施工现场做到"活完料净场地清"，防止污物及粉尘产生。

（8）对扬尘点做防风处理，防止扬尘，在易产尘的部位洒水降尘。

（9）在现场的出入口处路面铺草帘，防止现场内的粉尘带到场外，并适量洒水压尘。

（10）清运垃圾的车辆用苫布覆盖，避免途中遗撒和运输过程中产生扬尘。

第七节　效益分析

机械振密排水固结法严格贯彻执行国家建筑节能法律、法规相关要求，在设计、施工和检测三个环节符合资源节约技术标准。

一、材料节能

机械振密排水固结法在不使用其他填充材料的情况下，通过优化施工流程及施工工艺，其处理效果可以达到设计要求，并且执行国家的节能政策，大大节约了资源，降低了工程成本。

二、设备节能

机械振密排水固结法主要施工设备为推土机和挖掘机，市场保有量大，选用合理，工作效率高，操作方便灵活，移位简单，省时省力，大大提高了作业效率，降低了操作人员的劳动强度，符合国家设备节能标准的规定。

三、社会效益

机械振密排水固结法采用的插入式振捣工艺，相比于强夯及高真空击密法具有较为显著的优势，现已在多个大面积饱和吹填土路基处理工程中得以应用，为社会带来了巨大的经济效益，同时为今后在大面积吹填土路基处理施工领域的技术发展打下了坚实的基础。

第八节　工程案例

一、大唐东营2×1 000 MW新建工程三通一平工程

（一）工程概况

该工程为大唐东营2×1 000 MW新建工程三通一平工程，位于河口区北侧东营港，北面紧邻渤海防潮堤，四周均为河沟。该工程规划4台1 000 MW机组的场地，一期先行施工2台。厂址地貌成因类型为冲积三角洲平原，距黄河入海口约40 km，原始地貌为滨海低地，吹填后场地现状如图4-6和图4-7所示。

图4-6　场地现状地貌　　　　　　图4-7　场地现状地貌

由于场地在动力作用下极易产生液化和沉降，影响工程机械进厂和后续施工，所以必须进行路基处理。处理面积为场区内除煤堆场以外的所有区域，共计4.25×10^5 m^2。业主方要求处理后的路基承载力特征值从60 kPa提高至80 kPa，有效处理深度不小于3.0 m。

该工程最终选用机械振密排水固结法进行路基处理，分两幅施工，施工时间从2016年3月11日开始，至4月30日结束，总历时50天。

（二）地质概况

场地地形较为平坦，原始地面高程为-0.23～2.11 m，最大高差约为2.34 m。场地现已吹填整平，整平后的地面高程为2.30～2.80 m。

场地地层主要为第四系全新统冲积层（Q_4^{al}）和上更新统冲积层（Q_3^{al}），其中地表2～3 m的填土为2008年吹填而成。

在钻孔揭露深度（100 m）范围内，地层以粉质黏土、粉土、粉砂为主。本书摘选30 m深度范围内场地的地层，其岩性从上至下分为以下部分。

（1）冲填土：主要由人工吹填而成，成分以粉土为主，局部夹粉质黏土团块，松散—稍密状态。层厚一般为2.50 m。

（2）粉土（Q_4^{al}）：灰色、黄褐色，均匀，局部夹薄层粉质黏土，含铁质条斑，湿，稍密至中密状态。摇振反应迅速，无光泽反应，韧性低、干强度低。该层在场地普遍存在，平均厚度为1.70 m。

（3）淤泥质粉质黏土（Q_4^{al}）：灰色、黑褐色、黄褐色，层理明显，局部相变为淤泥质黏土，流塑状态，局部地段为软塑状态，夹粉土薄层。含有机质、贝壳等，有臭味。摇振反应中等，稍有光泽，韧性中等，干强度中等。该层厚度一般为2.50～3.50 m，平均厚度为2.40 m，层顶埋深一般为4.20 m。该层在场地内普遍存在。

（4）粉土（Q_4^{al}）：灰色、黄褐色，均匀，局部相变为粉砂，局部夹薄层粉质黏土，饱和，以中密状态为主。含铁质条斑。摇振反应中等，无光泽反应，韧性低，干强度低。厚度一般为9.50～12.00 m，平均厚度为10.80 m，地层埋深一般在4.50 m左右。该层在场地普遍存在。

（5）粉质黏土（Q_4^{al}）：灰色，土质不均匀，层理明显，部分地段相变为黏土，以软塑状态为主。含有机质及少量贝壳碎片，有臭味，夹粉土、粉砂薄层。摇振反应中等，稍有光泽，韧性中等，干强度中等。该层厚度一般为3.70～10.70 m，平均厚度为7.26 m，层顶埋深一般为17.40 m。该层在场地内普遍存在。

（三）设计思路

为保证工程机械进厂和后续施工的顺利进行，业主方要求处理后的路基承载力特征值从60 kPa提高至80 kPa，有效处理深度不小于3.0 m。

该工程存在土质条件极差、地下水位高、大型机械难以进场等施工难度问题，项目论证期间曾考虑采用真空降水强夯法和振冲密实法。但考虑到工程实际情况，如冲填土及粉土以下为淤泥质粉质黏土，其层顶埋深较浅（2.2～4.2 m，平均3.44 m）、透水性差、降水效果不明显，在较大的夯击能量下容易形成"橡皮土"，且采用强夯法费用较高，所以不适用于该工程。采用振冲密实法，虽能在表层形成硬壳层，允许施工车辆进出，但处理场地面积很大，需要大量填充材料，且这些填充材料在后期建筑物基础施工时会被再次挖除，造成大量资源浪费。经专家优化论证，该工程最终采用机械振密排水固结施工工法进行路基处理，分两幅施工。

（四）路基处理方案

第一步：清除表层土。

场地按 20 m×100 m 进行分块，用白石灰作好标记，用挖掘机将表层的干土清理到场地两侧进行堆放，处理面预留坡度，方便排水。表层清土厚度约为 50 cm，或清至地下水位处湿润土层即可，土方堆放高度不超过 2.5 m，土堆码放整齐（图4-8）。

第二步：开挖排水沟。

沿河岸较近位置的场地沿长度方向两侧开挖深 2～2.5 m、宽 1.5 m 的明排水沟，直接将水排至河内。距离河岸较远位置的场地，明沟无法将水排至河内，采用潜水泵管排方式进行排水。内侧所有场地的排水沟在低侧端位置再挖一道 3 m 宽的排水沟，将所有明沟贯通，深度根据现场实际情况来确定。在此道排水沟距离河较近位置挖 4 m×4 m 的集水坑，将所有明水汇集至此集水坑内，通过潜水泵管排方式排至河内（图4-9）。

图4-8　清除表层土

图4-9　开挖纵向排水沟

第三步：推土机碾压。

排水沟挖好后，开始采用推土机对推平的场地进行碾压，碾压时沿直线依次进行，注意相邻碾压线之间不留间隙。碾压时间约 4 h，通过碾压使场地表面出现涌水。经过碾压后，处理区地面会产生沉降，此时应采取措施使处理区内积水排至排水沟内（图4-10）。

第四步：挖掘机振冲。

场地经过碾压后，将挖掘机铲斗插入场地土中进行搅动，搅动时宜按先外后内、沿直线逐点进行，搅动点按 3 m×3 m 方块分布，搅动点的深度不小于 1.5 m，每个点的搅动时间在 1 min 左右（每个区域土质松软程度不同，搅动时间可根据实际情况适当增加），并且搅动影响范围为 4～5 m。在搅动过程中，若搅动点周围土中出现水迹、土质变松软便停止搅动，转为下一点进行搅动。整块区域搅动完毕，静止放置，待土壤中水分自行溢出，同时安排专人在场地表面顺通流水线，确保溢出表层的水顺利流至排水沟（图 4-11）。

图 4-10　推土机碾压

图 4-11　挖掘机振冲

第五步：重复机械碾压及振冲。

待场地第一遍搅动完成后，让推土机进入场地进行反复碾压，碾压时间约 4 小时，待场地表面出现较多涌水时便停止碾压，开始第二遍搅动。

采用挖掘机进行第二遍搅动时，由于经过第一遍搅动后土质已变松软液化，插入搅动点可加大到 5 m×5 m 的方块布置。第二遍搅动时铲斗深入土中深度及搅动时间与第一遍相同，但第二遍搅动时必须确保搅动区域的土层完全液化成稀泥状，使土中水分完全涌出（图 4-12）。

由于碾压及搅动作用，土体内的水大量涌出，在第二遍搅动施工前，在场地上沿垂直于排水沟方向开挖几道宽 0.5 m、深约 0.2 m 的横向排水沟，将场地内的水引入主排水沟，排水沟间距为 15 m（间距可根据现场实际出水情况进行适当调整，见图 4-13）。

图4-12　反复碾压及振冲后场地情况

图4-13　横向排水沟排水

第六步：静置晾晒。

场地碾压振冲完毕并将明水排出后进行晾晒，晾晒1～2周（晾晒时间可根据天气情况及土层固结情况适当调整），至表层土壤出现失水固结，形成硬壳层。随后，用小型挖掘机搅动翻晒硬壳层，为下部土体水分的蒸发保持畅通通道。表层搅动后，视天气情况继续晾晒1～2周，再进行下一步施工（图4-14）。

第七步：干土回填压实。

晾晒后的场地经验收完毕方可进行干土回填压实。回填土采用开挖的表层土壤进行回填（开挖的土层含水量较大时需对土层进行翻晒），回填厚度超过30 cm时要分层回填压实，严禁采用含水率过高的土壤回填。回填过程中应使用同一标志控制回填标高，避免二次整平作业。回填后使用推土机碾压密实，准备质量检测（图4-15）。

图4-14　经晾晒形成表层硬壳层

图4-15　分层回填作业

（五）检测评价

1.原位测试评价

路基处理后，对整个场区按 30 m×50 m 间距布置检测点，共布置 183 孔（孔深 6 m）静力触探试验、50 孔（孔深 6 m）标准贯入试验、30 组十字板剪切试验、30 组浅层平板载荷试验，检测点平面布置图如图 4-16 所示。

处理后填土路基承载力特征值均满足 80 kPa 要求。其中，对 14# 及 15# 浅层平板做破坏试验可知，路基承载力特征值最高可达 135～150 kPa。拟建场区路基处理深度为 3.20～4.50 m，平均为 3.76 m。经机械振密处理后的路基均匀，承载力提高约 2 倍以上，满足设计要求，造价节省，效果显著。检测结果如表 4-4 所示。

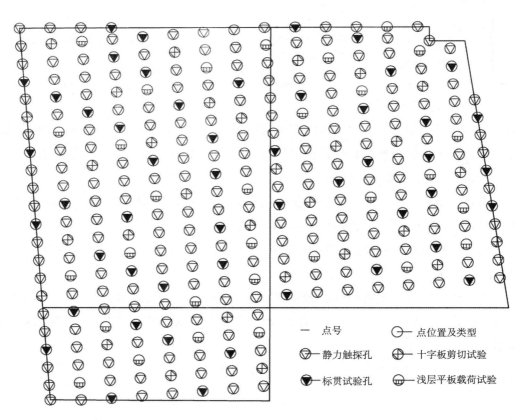

－ 点号	◖ 点位置及类型
◗ 静力触探孔	⊕ 十字板剪切试验
◉ 标贯试验孔	⊟ 浅层平板载荷试验

说明：共布设检测点293点，其中静力触探孔183孔，标贯试验孔50孔，十字板剪切试验30组，浅层平板载荷实验30组。

图 4-16　检测点布置平面图

表4-4　机械振密处理前后部分物理力学指标对比表

试验阶段	试验项目		平均值	承载力基本值（kPa）	承载力特征值（kPa）
路基处理前	标准贯入试验		5.18击	110 kPa	60 kPa
	静力触探试验	锥尖阻力	0.54 MPa	65 kPa	
		侧壁摩阻力	1.82 kPa		
路基处理后	标准贯入试验		12.2击	157 kPa	满足设计承载力80 kPa的要求，两处检测点破坏试验路基承载力特征值可达150 kPa
	静力触探试验	锥尖阻力	4.55 MPa	208 kPa	
		侧壁摩阻力	93 kPa		
	浅层平板载荷试验	设计要求	>80 kPa	>80 kPa	
		破坏试验	135～150 kPa	135～150 kPa	

2. 经济效益评价

该工程采用机械振密排水固结法进行路基处理，综合单价是15.44元/m²，处理面积为场区内除煤堆场以外的所有区域，共计约4.25×10^5 m²，则施工费用为：15.44元/m² × 4.25×10^5 m²=656.2万元。

同等条件下，若采用常用的夯击真空降水强夯法，综合单价是34.9元/m²，则施工费用为：34.9元/m² × 4.25×10^5 m²=1 568.25万元。

采用机械振密排水固结法节省费用为：1 568.25万元−654.2万元=914.05万元。

3. 综合评价

该工程采用机械振密排水固结法加固路基，提高了路基承载力，节省了工期，节约了造价，达到了设计要求的目的。路基处理前后对比情况如图4-17和图4-18所示。

图4-17　大唐东营2×1 000 MW新建工程三通一平工程（处理前）

图4-18　大唐东营2×1 000 MW新建工程三通一平工程（处理后）

二、东营港广利港区通用码头一期工程陆域路基处理工程

（一）工程概况

该工程为东营港广利港区通用码头一期工程陆域路基处理工程，包括堆场、辅建区等，一期占地面积为4.43×10^5 m^2。该工程位于东营市东城东南，莱州湾西岸，距东营市市中心约30 km，距黄河入海口约40 km。厂址地貌成因类型为冲积三角洲平原，原始地貌为滨海低地。

（二）地质概况

该场地于2014—2015年经吹填造陆方式形成，地面高程一般在5.0 m左右，场地较为平坦。场地吹填完成时间较短，表层以稍密状粉土或淤泥质土为主，场地表层土质较软。场地地形地貌概况如图4-19所示。

图 4-19　场地现状地貌

场地地层主要为第四系全新统冲积层（（Q_4^{al}））和上更新统冲积层（Q_3^{al}）。该区域土层分布较有规律，在勘察深度范围内自上而下主要分为以下几部分。

表层冲填土层（Q_4^{al}）：冲填土（粉土）、冲填土（淤泥质土）、冲填土（粉质黏土）。

第一大层海相沉积层（Q_4^{m}）：①$_{11}$粉土、①$_{12}$粉砂、①$_2$粉质黏土、夹层淤泥质粉质黏土、夹层淤泥质黏土和①$_3$粉土。

第二大层海陆交互相沉积层（Q_4^{ml}）：②$_1$粉质黏土、②$_2$粉土、②$_3$粉质黏土。

第三大层陆相沉积层（Q_3^{al}）：③$_1$粉土。

上述表层冲填土层分布底高程为 −0.36～−3.05 m，冲填土层厚度为 4.0～8.0 m。

本书摘选的充填深度范围内场地的地层岩性从上至下为以下几部分。

冲填土（粉土）：灰褐色，稍密状，夹黏土团及碎贝壳，土质不均。该土层揭示于所有钻孔表层，分布连续，厚 3.50～7.50 m，平均标贯击数 N=3.1 击。

冲填土（淤泥质土）：灰褐色，软塑状，中塑性，夹粉土团及其薄层，偶见碎贝壳及腐殖质，土质不均。该土层在个别钻孔中缺失，分布较连续，厚 0.60～3.00 m，平均标贯击数 N<1 击。

冲填土（粉质黏土）：褐灰色，软塑状，中塑性，夹粉土团及碎贝壳，土质不均。该土层在个别钻孔中揭示，分布不连续，厚 1.00～3.50 m，平均标贯击数 N=1.6 击。

（三）设计思路

该场区占地面积为 4.43×10^5 m^2，冲填土来源为南侧广利河口航道疏浚土，以粉土为主，夹粉质黏土薄层，土质松散且不均匀，部分区域呈淤泥质粉质黏土。

由于吹填时间较短，属欠固结土，且处于完全饱和状态，在动力荷载作用下极易产生液化和沉降。该项目属于东营市重大基础设施建设项目，工期要求紧迫，迫切需要一种短期内能显著提高路基承载能力的处理方案，以满足后续施工设备进场施工。

对于大面积饱和粉砂土可选用降水强夯法，以在短期内获得较高的承载力，但本项目场地难以满足强夯设备进场施工的要求。真空预压排水固结法在大面积吹填土路基处理中有成熟的应用经验，但真空预压排水固结法在黏性土中的应用效果较好，不太适宜以粉土和砂土为主的路基，且真空预压排水固结法用时一般为3～6个月，工期较长。该项目经专家优化论证，最终采用明沟排水结合机械振密排水固结施工工法进行路基处理，分两幅施工。

（四）路基处理方案

场地放线、分块→去除表层干土→挖纵向排水沟→碾压→表面排水→挖掘机振冲→再次表面排水→重复碾压及振冲步骤→晾晒→回填压实→质量检测。

第一步：测量放线。

场地按20 m×150 m进行分块，分块长度可根据现场实际情况进行适当调整，用白石灰作好标记，四角插上彩旗（图4-20）。

第二步：清除表层土。

采用履带宽度不小于1 m的湿地型挖掘机将标记好的分块场地内表层的干土清理到场地左右两侧堆放。表层清土厚度视干土层深浅而定，一般在0.4～1 m内，清至湿润土层即可，预留0.3%排水坡度。挖出的土方整齐地堆放到离场地边沿3 m左右的位置，给后续机械施工作业留出通道。

第三步：挖纵向排水沟。

根据场地总体情况，纵向开挖排水沟，较低端设集水坑，纵向排水沟宽1.5 m、深2 m，场地预排水如图4-21所示。

图4-20 测量放线

图4-21 纵向排水沟开挖

第四步：碾压。

因拟处理场区的承载能力不足以承载推土机，故先采用湿地型挖掘机碾压两遍，排水静置后地面有明显的沉降，表层冲填土承载力有所提高。之后，采用推土机进行反复碾压，以使深层冲填土液化涌水，如图4-22所示。

第五步：挖掘机振冲。

待静置表面排水后，使用挖掘机开始进行第一遍搅动。从排水沟一侧开始，将挖掘机铲斗插入场地土中进行搅动，搅动点按3 m×3 m方块分布，搅动点的深度不小于1.5 m，每个点的搅动时间保证在1 min。整块区域搅动完毕，静止观察，让土壤中的水分自然溢出，如图4-23所示。

图4-22 挖掘机振冲

图4-23 碾压后液化涌水

安排专人在场地表面顺通流水线，确保表层的水顺利流至总排水沟。对于低洼存水地方在顺通流水线遇到困难时，应使用潜水泵排水。表层水排净后就可以进行下一遍搅动了。

第六步：重复碾压及振冲。

第二次碾压及振冲与第一遍搅动方法基本相同，搅动点间距可增大为6 m×6 m。第二遍搅动时铲斗深入土中的深度及搅动时间与第一遍相同，但第二遍搅动时必须确保搅动区域的土层完全液化成稀泥状，使土中水分再次涌出。

第二次表面排水时，若整块区域搅动完成后场地表面出现大量积水，需将表面积水排除。

场地搅动后若场地过于泥泞，机械无法进入开挖排水沟，可进行人工开挖小排水沟向主沟引流。场地搅动排水时可在场地边缘地势较低区域开挖积水坑，采用潜水泵配合排水以加快排水速度。

机械搅动会造成场地内凹凸不平，许多低洼处的水无法排出。由于搅动后土壤变为稀泥状，人工无法开挖形成有坡度的排水沟，低洼处的水达不到潜水泵抽水深度时可采用真空泵接降水管明吸的方式排出。

碾压及振冲的同时应对排水沟进行多次清淤，保持排水路径的通畅，如图4-24所示。

第七步：晾晒。

场地明水排干后进行晾晒，晾晒2～3周，待现场验收完毕后进行干土回填压实。

场地在自然干燥时，表层土随着水分的流失表面会板结，不利于下面土壤水分的蒸发，这时通过碾压或用钩机将场地表层土疏松，以增强晾晒效果，缩短晾晒时间。

堆土的晾晒对缩短回填时间影响也很大，堆土的高度一般在2 m左右，里面的水分不易蒸发，可以通过翻晒的方法去除土壤中的水分，以保证回填压实效果。

第八步：回填整平。

回填时先填本场地纵向排水沟道，边填边用钩机铲斗压实，填到与处理场地一平时，在同场地一同回填。回填用土采用开挖的表层土壤进行回填（开挖的土层含水量较大时需对土层进行翻晒），分层回填，每层回填土厚度为30 cm，用压路机压实，严禁采用含水率过高的土壤回填，如图4-25所示。

图4-24 排水沟清淤

图4-25 回填整平

（五）检测评价

1. 原位测试评价

路基处理后，对整个场区按75 m×75 m间距布置检测点，共布置检测点88个，其中静力触探试验孔73个（孔深6 m）、浅层平板载荷试验15组。检测点平面布置图如图4-26所示。

东营港广利港区通用码头一期地基处理检测点平面布置图

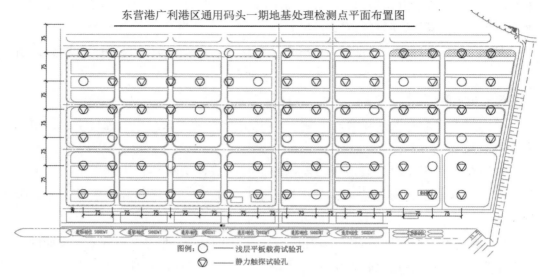

图例：○ —— 浅层平板载荷试验孔
　　　◎ —— 静力触探试验孔

图4-26　检测点平面布置图

由检测结果表（表4-5）和处理前后静力触探曲线对比图（图4-27）可以得出以下结论。

（1）处理前，机械设备施工过程中的振动液化路基土的锥尖阻力 q_c 较小，处理后路基土的锥尖阻力 q_c 明显提高，约为处理前的6倍。

（2）只要采取合理的施工工序，明沟排水条件下的机械振密法对饱和砂性吹填土加固效果明显，加固后土层的工程性质得到明显改善。

（3）加固后土层均匀性明显改善，可以在路基浅层3～4 m范围内形成相对均匀的硬壳层，消除路基不均匀沉降，满足后续工程施工条件。

表4-5　机械振密处理前后部分物理力学指标对比表

试验阶段	试验项目		平均值	承载力基本值（kPa）	承载力特征值（kPa）
路基处理前	静力触探试验	锥尖阻力	0.95 MPa	65 kPa	60 kPa
		侧壁摩阻力	4.87 kPa		
路基处理后	静力触探试验	锥尖阻力	4.13 MPa	213 kPa	满足设计承载力120 kPa的要求
		侧壁摩阻力	136 kPa		
	浅层平板载荷试验	设计要求	>120 kPa	>120 kPa	

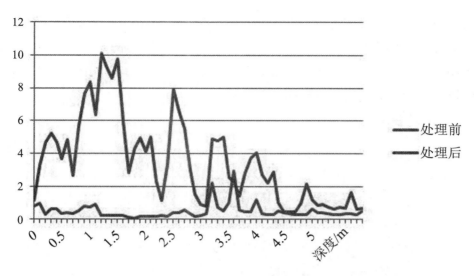

图4-27　处理前后静力触探曲线对比图

2. 经济效益评价

本书结合黄河三角洲地区吹填土处理经验，对于不同的路基处理方法，其经济性比较如表4-6所示。

表4-6　吹填土路基处理方案经济分析表

处理方法	处理面积（m²）	综合单价（元/m²）	路基承载力（kPa）	工期
真空预压法	4.43×10^5	70	80	最长
高真空击密法	4.43×10^5	65	144	较长
深层搅拌桩	4.43×10^5	337	160	较长
机械振密排水固结法	4.43×10^5	15	120	最短

由表4-6可以看出，在各项软土路基处理方法中，加固效果最好的是深层搅拌加固，但是其造价较高，对于大面积的加固工程产生的费用较大。综合比较，机械振密法不仅费用低、处理面积大、工期短，而且处理后的路基承载力高，是一种实用性和经济性很高的软土加固方式，可在后续的路基处理中发挥重要作用。

3. 综合评价

该工程采用机械振密排水固结法加固路基，提高了路基承载力，节省了工期，节约了造价，达到了设计要求的目的。路基处理前后对比情况如图4-28和图4-29所示。

机械振密法是一种较为新型的路基加固方式，其通过机械碾压和深层搅动过程中的震动密实、固结排水和预振作用，对饱和吹填砂性土进行加固，在实际工程应用中已经体现出了优越性。相比之前的传统方法，机械振密法具有费用低、加固效果好以及工期短等优点，具有良好的发展前景。

图4-28　东营港广利港区通用码头—期工程陆域路基处理工程（处理前）

图4-29　东营港广利港区通用码头—期工程陆域路基处理工程（处理后）

三、东营港某道路项目路基加固工程

（一）工程概况与加固方案

在建某工程道路表层为吹填土，吹填土部分区域以粉细砂为主，夹层状泥质黏性土，土质松散且不均匀，部分区域为淤泥质黏土夹粉土，流塑状态。吹填土厚度一般为 2.2～3.8 m，由于吹填土形成时间短，属欠固结土，含水量高，孔隙比大，强度低，在动力作用下易产生沉降和液化。为了确保路基强度和稳定，需对路基进行处理。在经济合理且又安全可靠的前提下，技术难度大，一般路基加固方案无法达到预期目的。通过多种方案的比较论证，决定采用真空降水联合低能量多遍强夯法对其进行加固。

（二）设计要求

路基承载力和加固深度应符合以下要求。

（1）路基加固的有效深度为 4～5 m。

（2）0～2.5 m 深度范围内的路基承载力特征值不小于 120 kPa，2.5～5 m 深度范围内路基承载力特征值不小于 80 kPa。

（3）路基的工后沉降不大于 30 cm。

（4）满足路基压实度要求。

（5）路基回弹模量要求：表层回弹模量 E_0 不小于 46 MPa。

（三）施工工艺及参数

真空降水联合低能量强夯动力固结法在该工程中采用的是三遍降水、三遍轻夯的施工工艺。

1. 真空降水施工

井点降水的施工流程：回填土后场地整平、井点放线定位→成孔设备凿孔并埋设井点管、地下水位监测管布置→井点管与水平干管连接→安装抽水设备、试抽与检查→典型施工、降水作业→管线拆除与二次布置。如此与强夯施工循环三次，井点管布置的间距、深度以及降水要求与抽水时间需满足设计文件的要求。

具体工艺及施工注意事项有如下内容。

第一次降水：均为 3 m 井点管，滤头长度为 1.5 m，井点管卧管间距为 3 m，井点管间距为 3 m，要求井点管周围灌粗砂至地面以下 50 cm，孔口距地面以下 50 cm 内用黏土或淤泥土封死，降水至 3 m 以下，连续 5 天不间断降水。完毕后，拆管并进行第一遍强夯。井点降水排水管平面布置示意图（第一遍）如图 4-30 所示。

第二次降水：在第一遍强夯后，采用 4 m 和 6 m 的长短管相间布置井点管，间距

为 3 m。卧管间距为 3 m，要求井点管周围灌粗砂至地面以下 50 cm，孔口距地面以下 50 cm 内用黏土或淤泥土封死，降水至 4 m 以下，连续 5 天不间断降水。完毕后，拆管并进行第二遍强夯。

第三次降水与第二次降水要求相同。井点降水排水管平面布置示意图（第二遍、第三遍）如图 4-31 所示。

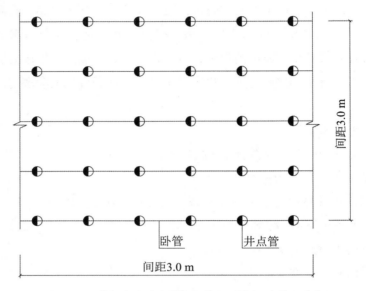

图 4-30　井点降水排水管平面布置示意图（第一遍）

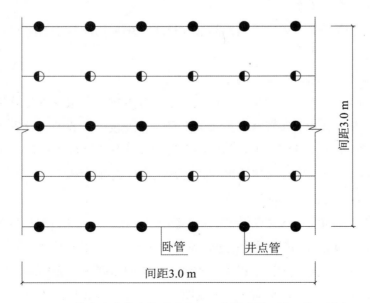

图 4-31　井点降水排水管平面布置示意图（第二遍、第三遍）

2. 低能量强夯

低能量强夯设计参数表如表4-7所示，夯点平面布置示意图如图4-32所示。

表4-7　低能量强夯设计参数表

夯点间距（m）	第一遍正方形4 m×4 m，第二、三遍插空布置
强夯遍数（遍）	3遍
每遍强夯击数及能量	第一遍强夯，单击夯击能800 kJ，点夯击数2击
	第二遍强夯，单击夯击能1 000 kJ，点夯击数3击
	第三遍强夯，单击夯击能1 200 kJ，点夯击数3击
振动碾压	270 kN振动碾，碾压4～6遍，稳压1遍

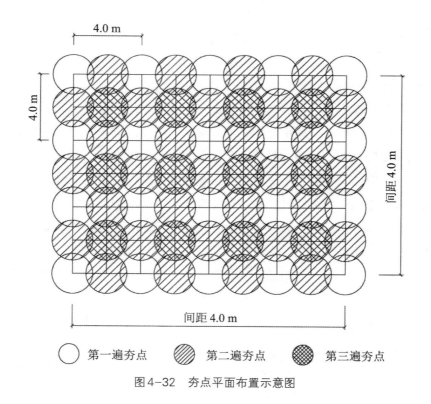

○ 第一遍夯点　　◐ 第二遍夯点　　◉ 第三遍夯点

图4-32　夯点平面布置示意图

（四）理论分析与研究

强夯法虽然已在工程中得到广泛应用，但到目前为止人们对于强夯设计并没有公认和成熟的设计计算方法。上述参数亦是根据土质情况按经验设计确定的，主要设计参数包括有效加固深度、单击夯击能、夯击次数、夯击点布置、其他参数等。

1. 有效加固深度

强夯法的有效加固深度既是反映处理效果的重要参数，又是选择路基处理方案的重要依据。在实际工程中，普遍采用如下公式：

$$H=\alpha\sqrt{Mh} \tag{4-2}$$

式中，α——修正系数，范围为 0.34 ~ 0.80；

M——夯锤重量（t）；

H——强夯加固影响深度；

h——落距（m）。

在工程实践中，一般辅助结合经验或试验来确定有效加固深度。

2. 单击夯击能

夯击能的确定主要依据场地的地质条件和工程使用要求，以及根据工程要求的加固深度和加固后需要的路基土承载力来确定单击夯击能。由于目前尚没有成熟的计算方法来统一规范，因此，一般仍选择按修正公式计算。

$$G=Mh=H^2/\alpha^2 \tag{4-3}$$

式中，G——单击夯击能（kN·m）。

其他参数与上式相同。

根据已求得的夯击能，选定锤重、落距与相应的夯击设备。对于软黏土，大能量夯击容易破坏土的结构，产生"橡皮土"；对于高饱和吹填土，大能量夯击表层容易出现液化现象。因此，在施工中应采用"由轻到重、少击多遍"的施工工艺，严格控制强夯动力和夯击能，使土体产生的超孔隙水压力不会过快上升，其基本原理是以小能量将浅层率先加固，在表层形成"硬壳层"就可以逐渐加大能级，加固深层土体。

3. 夯击次数

对于饱和度较高的黏性土路基，随着夯击次数的增加，土的孔隙体积因压缩而逐渐减少，但因为此类土的渗透性较差，故孔隙水压力将逐渐增长，并促使夯坑下的路基土产生较大的侧向挤出，而引起夯坑周围地面的明显隆起，此时如继续夯击，并不能使路基土得到有效夯实，反而会造成浪费。

目前，夯击次数一般通过现场试夯确定，常以夯坑的压缩量最大、夯坑周围隆起量最小为确定原则，常通过现场试夯得到的夯击次数与夯沉量的关系曲线确定。此外，还要考虑施工方便，不能因夯坑过深而发生起锤困难的情况。

4. 夯击点布置

夯击点布置是否合理，将影响强夯的加固效果，应综合建（构）筑物平面形状、基础类型、场地土情况及含水量大小和工程要求等因素来选择布点方案。

夯击点位置根据建筑结构类型一般可采用等边三角形、等腰三角形或正方形布点。对于某些基础面积较大的建（构）筑物（如油罐、筒仓等），为便于施工，可按等边三角形或正方形布置夯点；对于办公楼和住宅建筑，则根据承重墙的位置布置夯点更合适，如某住宅工程的夯点布置采用了等腰三角形布置，这样就保证了横向承重墙以及纵墙和横墙交接处墙基下均有夯击点；对于单层工业厂房，可按柱网来设置夯击点，这样既保证了重点，又减少了夯击面积。因此，夯击点的布置应视建筑结构类型、荷载大小、路基条件等具体情况区别对待。

夯击点间距的确定一般根据路基土性质和要求加固深度而定。对于细颗粒土，为便于超静孔隙水压力的消散，夯点间距不宜过小，且实践证明，间隔夯击比连夯好。在采用多遍强夯时，每遍强夯的夯击点应相互错开，使夯击点在强夯区域内错落有致。

5. 其他参数

其他参数包括夯击遍数、间隔时间、处理范围等。

夯击遍数应根据路基土的性质和工程要求来确定。对于软黏土和高饱和吹填土等，应采取"少击多遍"的原则，避免出现"橡皮土"或表层土发生液化的现象。

夯击的间隔时间取决于超静孔隙水压力的消散时间。当降水已经达到要求时，即可拔管进行强夯。

由于基础的应力扩散作用，强夯处理范围应大于建（构）筑物的基础范围，具体放大范围可根据结构类型和重要性等因素确定。

（五）效果分析

该工程采用的真空降水强夯法是将真空降水和动力固结两种工艺有机结合而成的一种复合型新工法。该工法能快速有效地改善排水条件，工期短，处理效果显著，主要适合于软黏土及高饱和土，扩大了强夯的应用范围，应用时需要根据场地条件的不同选择合理的施工参数。与一般的动力排水固结法相比，该法明显节省工期，具有十分广阔的应用前景。图4-33为项目处理前后对比图。

a. 处理前

b. 处理后

图4-33　项目处理前后对比图

第五章

《《《 水泥土搅拌桩路基

第一节　概述

近年来，随着交通事业的迅猛发展，人们对道路的要求也越来越高，对于东营乃至整个黄河下游冲积平原，在筑路的过程中道路通过池塘、水沟等含有较深淤泥的特殊路基较为常见，因此软土路基的深层处理方法也多种多样，其中，水泥土搅拌桩以其具有较小的震动、较弱的挤土效应和较低的污染等特点被广泛应用。

通过水泥土搅拌桩处理的路基称为水泥土搅拌桩复合路基，以下对水泥土搅拌桩进行详细的介绍。水泥土搅拌桩是一种常见的深层搅拌法加固路基的方法，主要适用于加固各种成因的饱和软黏土，利用加固剂和软土之间所产生的一系列物理化学反应，使软土硬结形成具有整体性、水稳性和一定强度的桩体，通过桩体和周围土体的相互作用以及桩体本身的支撑作用达到加固路基的目的。目前，常用的固化剂主要有水泥、石灰、粉煤灰等材料，随着技术的发展，近期有人开始研究土壤固化外加剂，外加剂根据淤泥的成分不同，采用不同的配方，经过固化处理后呈现出较好的力学性能、水稳性能、耐腐蚀性和抗渗性能，比传统的水泥土搅拌桩有了很大的改进。

水泥土搅拌桩对需要处理的原状土有一定的要求，主要集中在十字板抗剪强度和有机质含量上，根据路基天然含水量的不同，水泥土搅拌桩的施工工艺分为干法和湿法。干法工艺是指将固化剂粉料以干粉状态高压喷入桩孔内原位土之中，并充分拌和，通过吸收原位土中的水分和土进行化学反应形成桩体，简称"粉喷桩"。湿法工艺是指将固化剂用水稀释拌和形成浆液，然后将拌和好的浆液以高压喷入桩孔，通过与原位土的拌和凝固成桩，简称"浆喷桩"。

"粉喷桩"和"浆喷桩"的施工工艺虽然不同，但其作用机理一样，主要区别在于成桩过程中固化剂所需水分的来源，同时因所需处理的路基含水量的不同，其处理的深度也有一定的要求。水泥土搅拌桩的加固深度通常要超过 5 m，干法加固深度不宜超过 15 m，湿法加固深度不宜超过 20 m，其直径和深度需要对原状土进行现场测试和室内土工试验，通过稳定性验算来确定。因此，水泥土搅拌桩方案确定前需要详细调查所需区域的岩土工程资料，尤其是原位土的厚度、组成、分布范围和分布情况以及地下水位、地下水的 pH、土的含水量、塑性指数、有机质含量等。

该地区位于黄河下游的三角洲冲积平原上，黄河从这里入海，区域内河道纵横，气候属温带大陆性季候，这些地理因素决定了该区域内软土路基较多，在近几年的筑路过程中，人们逐渐总结出处理路基的经验做法，其中效果较好的就是水泥土搅拌桩路基，下面，就水泥土搅拌桩作为一种常见的软土路基处理方法进行具体介绍。

第二节　作用机理

水泥土搅拌桩的工作原理是基于土体改良的基本原理，即对于一些土质较差或需要改良加固的地区，通过向土体内混入固化剂，使其与土壤混合，固化剂通过与土壤发生一系列的化学反应，最终凝固形成桩体。通过这一过程可以提高路基的承载能力和稳定性。

水泥土搅拌桩就是通过专门的拌和喷射机械，凭借特殊的钻头叶片旋转，将原装土体搅动形成桩穴，达到预定深度，在提钻的过程中喷射固化剂，通过叶片的旋转将固化剂进行拌和，使固化剂与原位土充分融合，根据试验在桩体凝固成型前可使钻头上下多次，增加固化剂和原位土的融合程度，使拌和达到设计要求后提出。固化剂与原位土的均匀混合体，经过一系列的化学反应，逐渐硬结形成桩体，桩体连同桩间土共同形成复合路基。

水泥土搅拌桩常用的固化剂有水泥、石灰（生石灰、消石灰）、石膏、矿渣以及有机聚合物等，还可以用粉煤灰、外加剂（增强剂、速凝剂、缓凝剂等）作为掺合料，以提高固化效果或延缓成桩时间。目前，黄河三角洲地区最为常用的是水泥拌制的水泥固化土桩。

当采用水泥作为固化剂时，水泥与土层中的水或者注入的水泥浆产生水化反应，生成氢氧化钙、含水硅酸钙、含水铁铝酸钙等化合物，在水和空气中逐渐硬化，这些化合物中的钙离子再与土壤中的钠离子、钾离子等矿物成分发生离子交换作用，从而使土粒胶结，使土粒集合成较大团粒，形成强度较高的水泥土，进而成为桩体。

水泥土搅拌桩的工作原理还包括桩身与土体的相互作用，水泥土搅拌桩的桩身具有一定的强度和刚度，能够承受路基上部或桥梁传递来的荷载，并通过桩身使其周边的土体扩散。同时，水泥土搅拌桩使整体向下传递，增加了路基的稳定性。

综上，水泥土搅拌桩的工作原理主要包括土体改良、混合搅拌、桩身成型与固结以及桩身与土体的相互作用。通过这些工作原理的综合作用，水泥土搅拌桩能有效改善土壤的性质，提高其承载能力和稳定性，为路基和桥梁的施工增加可靠的基础支撑。

第三节　水泥土搅拌桩路基的设计

水泥土搅拌桩适用于处理十字板抗剪强度不小于 10 kPa、有机含量不大于 10% 的软土路基。对于水泥土搅拌桩的长度、直径、间距应根据其稳定性、沉降特点来计算确定。因此，作为用水泥土搅拌桩处理的路基，在设计前应进行相应的地质勘察，搜集相关土工参数。对于竖向承载桩，其桩的长度应根据上部结构对承载力和变形的要求确定，并宜穿透软土层，达到承载力相对较高的土层。对于为提高抗滑稳定性而设置的桩体，其桩长应超过危险滑弧以下 2 m。粉喷法水泥土搅拌桩的加固深度不宜大于 12 m，浆喷法水泥土搅拌桩的加固深度不宜大于 20 m。水泥土搅拌桩的桩径不宜小于 0.5 m，相邻桩之间的桩间距不应大于 4 倍桩径。

水泥土搅拌桩设计前应进行拟处理土的室内配合比试验。根据拟处理的最软弱层土的性质，试验确定用于加固的固化剂和外加剂的用量。试验用土样可采用钻探或开挖的方式从地层中采集，宜保持天然含水率的扰动样和部分原状土样，要保证采集土样的代表性，如果处理范围较大或者经采样发现软弱土层的性质差别较大，应通过详细勘察确定代表土样的关联范围，根据软弱土层性质的不同设计不同的配合比。一个区域的土样采集后应用塑料袋包裹或者用密封容器包装，防止水分流失。采样位置应均匀布设，不少于 3 处。

水泥土搅拌桩应在桩顶设置垫层，垫层的厚度为 0.3～0.5 m，材料可选用灰土、水泥固化土、级配碎石以及砂砾等。

设计前应搜集相关资料，明确拟处理的路基以上的路基高度，用于计算处理完成的复合路基需要提供的承载力。复合路基能够提供的承载力，按照下面的计算方法依次计算。有沉降量要求的路基，应进行沉降计算。本书依据相关规范，将沉降计算的方法收录在下面，供读者参考使用。

单桩竖向承载力特征值可通过现场试验确定，亦可按下式估算，并同时满足 $\leq \eta f_{cu} A_p$ 的要求，应使由桩身材料强度确定的单桩承载力大于或等于由桩周土和桩端土所确定的单桩承载力。

$$R_a = u_p \sum_{i=1}^{n} q_{si} l_i + \alpha q_p A_p \qquad (5-1)$$

式中，R_a——单桩承载力特征值（kN）；

A_p——桩的截面积（m^2）；

η——桩身强度折减系数，粉喷法可取 0.2～03，浆喷法可取 0.25～0.33；

f_{cu}——与水泥土搅拌桩桩身水泥土配合比相同的室内加固土试块（边长 70.7 mm 或 50 mm 的立方体）在标准养护条件下 90 天龄期的抗压强度平均值（kPa）；

u_p——桩的周长（m）；

n——桩长范围内所划分的土层数；

q_{si}——桩周第 i 层土的侧摩阻力特征值，对淤泥可取 4～7 kPa，对淤泥质土可取 6～12 kPa，对软塑状态的黏性土可取 10～15 kPa，对可塑状态的黏性土可取 12～18 kPa；

l_i——桩长范围内第 i 层土的厚度（m）；

q_p——桩端路基土未经修正的承载力特征值（kPa），可按现行《建筑路基基础设计规范》（GB 50007—2011）的有关规定来确定；

α——桩端天然路基土的承载力折减系数，可取 0.4～0.6，承载力高时取低值。

小型构造物下的水泥土搅拌桩，应按照竖向承载力桩设计。复合路基的承载力特征值 f_{spk} 应通过现场单桩复合路基或多桩复合路基荷载试验确定，初步设计时可按下式估算。

$$f_{spk} = m \frac{R_a}{A_P} + \beta (1-m) f_{sk} \qquad (5-2)$$

式中，f_{spk}——复合路基承载力设计值（kPa）；

m——桩土面积置换率（%），按照《公路软土路基路堤设计与施工技术细则》（JTG/T D31-02—2013）中有关规定来确定；

f_{sk}——桩间土路基承载力标准值（kPa）；

R_a——单桩承载力特征值（kN）；

A_p——桩的截面积（m^2）；

β——桩间土承载力折减系数；当桩端土未经修正的承载力特征值大于桩周土的

承载力特征值的平均值时，可取 0.1～0.4，差值大时取低值；当桩端土未经修正的承载力特征值小于或等于桩周土的承载力特征值时，可取 0.5～0.9，差值大时或设置垫层时取高值。

水泥土搅拌桩复合压缩压缩模量 E_{ps} 可按下式进行计算。

$$E_{ps}=mE_p+（1-m）E_s \qquad (5-3)$$

式中，E_{ps}——水泥土搅拌桩复合压缩模量（kPa）；

E_p——桩体压缩模量（kPa），应实测，无法实测时可取（100～120）f_{cu}，对桩较短或桩身强度较低取低值，反之取高值；

f_{cu}——桩体试块标准养护 90 天的抗压强度平均值（kPa）；

E_s——土体压缩模量（kPa），宜按当地经验取值，如缺少经验，可取天然土层的压缩模量。

水泥土搅拌桩复合路基的沉降计算应包括复合路基加固的沉降 S_1 计算和加固区下卧层的沉降 S_2 的计算。

（1）复合路基加固区的沉降 S_1 可按下式计算。

$$S_1=\sum_{i=1}^{n}\frac{\Delta p_i}{E_{psi}}\Delta h_i \qquad (5-4)$$

式中，E_{psi}——各分层的桩土复合压缩模量（kPa），可按 $E_{psi}=mE_p+（1-m）E_{si}$ 确定，E_P 是桩体压缩模量（kPa），E_{si} 是各分层的土体压缩模量（kPa）。

Δp_i——路基中各分层中点的附加应力（kPa）；

Δh_i——路基中各分层的初始厚度（m）。

（2）加固区下卧层的沉降 S_2 可按现行《建筑路基基础设计规范》（GB 50007—2011）的有关规定来计算。

在实际计算中，如果桩体穿透了压缩层，则复合路基下沉就只有 S_1，而没有 S_2。

在水泥土搅拌桩复合路基的路堤整体抗剪稳定性安全系数计算中，复合路基内滑动面上的抗剪强度应采用复合路基抗剪强度 τ_{ps}，可按下式计算。

$$\tau_{ps}=m\tau_p+（1-m）\tau_s \qquad (5-5)$$

式中，τ_p——桩体部分的抗剪强度（kPa），可钻取试验路段水泥土搅拌桩龄期为 90 天的原状试件测无侧限抗强度，取其 0.5 倍；也可按设计配合比由室内制备的加固土试件（直径 50 mm、高度 100 mm 的圆柱体）测得 90 天的无侧限抗压强度，取其 0.3 倍；用于初步设计时，还可采用 96 h 高温养护无侧限抗压强度代替 90 天无侧限抗压强度。

τ_s——路基土的抗剪强度（kPa）。

第四节　水泥土搅拌桩路基的施工

一、施工前的场地处理

施工前的场地处理主要有对施工路段进行平整，用以确保水泥搅拌桩机组能够顺利完成施工。首先，施工人员需要及时回填或铲平一些低洼或凸起的地方，粗略整平，清除与施工无关的所有杂物，保障施工场地整洁，特别是草根等。其次，要对地面的强度进行检测，确保其所具有的强度能够满足机械设备的运行要求，如果不能保证机械设备的正常运行，通常在场地上加铺素土用以提高场地强度，也可通过铺设砂石垫层来增加地表强度。再次，还要在场地一侧开挖一条排水边沟，防止恶劣天气时出现积水。场地处理完成后，要标出钻孔位置再对场地进行详细整平，确保钻孔位置的准确，一般要求误差必须小于 2 cm，同时施工技术人员需要根据测量来确定喷粉和停喷的标高。

二、施工机具及设备配置

粉体喷射搅拌桩的施工机械主要是粉喷桩机，附件有固化剂罐、空压机、储气罐、汽水分离器等。其主机由桩架、钻杆、钻头、卷扬机、电动机、操作台、步履底座及传动系统等组成。

粉体喷射搅拌桩的施工机械有多种型号的粉喷桩机，国产粉喷桩机的桩径为 500 mm，最大桩长为 18 m，进口粉喷装机桩径有 500 mm、800 mm、1 000 mm，其最大桩长可达 20 m。粉喷装机一般都带有行走机构，有些浆喷装机不带有行走机构。目前，国产粉喷装机的运行机构以步履式为主，进口粉喷装机的运行机构既有步履式也有履带式。

施工前，所有的机械、机具、设备、设施等都要针对场地情况进行合理配置，主要机具的数量也要进行合理布置，遵循方便施工、互不干扰、提高效率、节约资金和工期的原则。粉喷桩机是制桩的主要机械，因此场地的布置要以粉喷桩机为主，布置在有利位置，便于移动。控制操作台起着指挥控制的作用，应根据空位情况就近布置，其他的辅助设备如空压机、储气罐、固化剂罐等要综合考虑，尽量做到少移动、多覆盖。

三、施工工艺

施工前应先核对设计图纸，确保布置桩机位置在布设桩位，满足设计和施工规范的要求。通过测量仪器确定施工路段每根桩的桩位，控制桩位偏差在 ±5 cm 左右。桩机布置好以后，需要施工人员进行操作施工，在详细观测施工现场的具体情况后才能对桩机进行移动，从而有效提升位移的安全性。

检测并适当调整吊锤对钻杆的垂直角度和对地面的垂直角度，控制误差小于1%。将长度标记以米为单位画在桩机架上，以便于观测和记录钻杆的钻进深度，用以控制下钻深度。

开钻前，需要对正桩位，桩位的误差不允许超过 2 cm，将桩机机身调平，将桩的垂直度偏差控制在 1.5% 以下，一切核对无误后，通过主电机进行钻进施工。钻机转动，钻头正向旋转，实施钻进作业。为了防止钻头上的喷射口堵塞，钻进过程中不喷射固化剂，只喷射压缩空气，这样既能保证顺利进钻，又能减少负载扭矩，钻头边钻进边对需要加固的土体进行原位搅拌。

钻头钻至设计孔底标高后停钻，成孔完成。再次启动搅拌钻机，反向旋转提升钻头，同时打开发送器前的控制阀，按照需要量向已被搅拌过的土体中喷射固化剂，边喷射、边搅拌、边提升，调整好搅拌和提升的速度，确保搅拌出的含固化剂土体均匀，此过程将固化剂均匀地搅拌至被加固土体中，使其充分混合。固化剂的喷射量通过控制阀的开口来控制，通常控制阀开口、钻机的旋转速度以及钻头的提升速度要通过试桩来确定其配伍关系。

钻头提升的高度要求有一定的预留度，通常当钻头提升至高出设计桩顶 30～50 cm时，发送器停止向孔内喷射固化剂，桩柱成型，将钻头完全提出，这样就能保证设计桩顶以下成桩的完成性。一般情况下，在喷射固化剂的过程中，提升钻头的最后阶段应注意控制，如果关闭喷射过早会造成成桩的桩顶强度和完成性不满足设计要求，关闭喷射过晚则会在桩顶以上形成较长的成桩，需要通过动力清除，造成不必要的浪费。基于以上要求，一般情况下桩顶设计标高不得距离地面太浅，应大于 90 cm。

根据试验桩情况，有时一次喷射搅拌不能达到预期的效果，需要进行二次搅拌，此时应将钻头一次性钻至孔底，再次反转提升钻头，边搅拌边提升，此次搅拌需关掉喷射阀，直到钻头提出地面。

通过以上过程，一颗完整的粉喷桩实施完成，通过粉喷桩的运行功能，移至下一个桩位，重复上述成桩过程。

四、施工注意事项

粉喷桩的施工因喷射的是粉体材料，因此施工时还需要注意以下事项。

（1）施工前需要仔细检查搅拌机械、供粉泵、送气管路、送粉管路、接头以及阀门的密封性，确保机械的安全可靠。输送气、粉的管路不宜大于60 m，如果施工段落长度超过管路的覆盖范围，应统筹考虑主机辅助系统的安防场地，不应通过加长管路解决。

（2）喷粉的计量系统应可靠，一般需要配置经国家计量部门确认的、具有瞬时检测并记录出粉量的粉体计量装置和搅拌深度自动计量仪。在每次施工前应进行验证，确保计量设备工作的稳定性。

（3）搅拌钻头每旋转一周，其提升高度不得超过16 mm。

（4）应定期检查搅拌钻头的直径，其磨耗量不应大于10 mm。

（5）钻头到达设计桩底以上1.5 m时，应立即开启喷粉装置，提前进行喷粉工作，这样能够保证桩底的成桩效果。

（6）成桩过程中因故停止喷粉，应停止钻头提升，并将钻头下沉至停灰面以下1 m处，检查喷粉系统，待恢复喷粉后再喷粉、搅拌、提升。

（7）需要在路基上天然含水量小于30%的土层中成桩时，应采用地面人工注水或改用浆喷桩施工。

（8）粉喷桩施工前应根据设计进行工艺性验证，数量不得少于3根，当成桩土层有较大变化时，应通过增加搅拌次数或者增加固化剂数量进行验证，并详细记录验证过程，供正式施工时参考使用。

（9）搅拌钻头的翼片（叶片）数量、宽度、与搅拌轴的垂直夹角、搅拌头的回转数、提升速度等均应相互匹配，以确保加固深度范围内的土体能够均匀分布固化剂。

（10）竖向承载搅拌桩施工时，停灰面应高于桩顶设计标高300～500 mm，开完基坑后，应将搅拌桩设计桩顶以上部分进行截除。

（11）施工过程中要注意成孔和成桩的详细记录，包括施工的时间、进钻的速度、提钻的速度、喷射量等内容。

第五节　水泥土搅拌桩路基的质量检验

为保证水泥土搅拌桩路基的稳定性，在施工环节应注意质量控制，控制的主要内容有以下几个方面。

（1）加强持力层质量控制，通常将桩体进入持力层的深度控制在 50 cm 左右，太深会给施工带来一定影响，太浅会在成桩后在持力层上下沉。如果底部具有较大的压力，钻头深入持力层过深，则没有办法渗入水泥浆，无法在底部形成桩，最终会出现桩长不足的现象；如果黏土或亚黏土较多地处于底部，导致较硬的土质很难下钻，土体破碎效果不好，喷粉或喷浆后难以拌和均匀，会导致桩体不能成型。

（2）对设备进行编号，每台设备配备专门的技术人员指导，并将现场技术员、责任人的标牌悬挂在设备的明显位置。在进行钻进施工前，要认真检查设备的工作情况，尤其是管道的堵塞情况，并清空整个管道，随后实施下沉作业。在主机上方悬挂一个吊锤，使桩体垂直度的偏差值得到有效降低。

（3）为确保能够均匀搅拌桩体，需要选用合适的钻头，一般情况下钻头要有不低于 6 个的横向搅拌刀片焊接到桩机钻头上，同时将 2～3 个竖向搅拌刀片焊接在每个横向刀片上。将垂球悬挂在桩机井架正面和侧面，垂球的重量要超过 2 kg，以避免在施工过程中出现桩机倾斜现象，导致无法检测到桩体底部。

（4）粉喷桩的质量应贯穿于施工的全过程，并保持全过程监理。施工过程中要随时进行施工记录和计量记录，进行质量初评。其记录的重点是水泥用量、桩长、桩径、钻头的钻进和提升速度、复拌次数，施工中间是否有停顿及停顿时间。以上记录将是水泥土搅拌桩成型后进行全面评价的重要依据。

水泥土搅拌桩施工完成后，要进行施工质量检查，检查的主要内容和方法如下：① 成桩 3 天内，可用轻型动力触探（N_{10}）检查 1 m 桩身的均匀性，检查数量为施工总桩数的 1%，且不少于 3 根；② 成桩 7 天后，采用浅部开挖桩头进行检查，深度宜超过停灰面以下 0.5 m，目测检查成桩的均匀性，测量桩直径，检查数量不少于总桩数的 5%；③ 成桩 28 天后进行荷载试验。水泥土搅拌桩复合路基检查应采用复合路基荷载试验和单桩荷载试验，检查数量不少于总桩数的 1%，复合路基静荷载试验不少于 3 处；④ 根据需要可于成桩 28 天后采用单动取样器钻取芯样，进行抗压强度试验；⑤ 褥垫层施工前，应将设计桩顶面以上的全部清除，清除过程中检验桩位、桩数与桩顶、桩身的质量，如发现与设计不符应进行相应的补救措施。

对于采用水泥土搅拌桩加固的路基，应在褥垫层上方设置沉降观测点，施工期间进行沉降观测，沉降观测的数据用于评价路基加固效果和使用维护的依据。

第六节 工程案例

一、工程概况

东营市北部某南北向公路，设计标准双向六车道一级公路，设计速度80 km/h，路基宽度为36 m。公路为南北走向，起点与现有的道路相接，公路布线顺直向南沿某河流东岸布设，路线全长10余千米。根据地质勘察报告，该区域地层从上而下划分为：第1层，素填土，杂色，结构松散，平均层厚1.75 m；第2层，粉质黏土，黄褐色，平均层厚1.03 m；第3层，砂质粉土，灰褐色，平均层厚2.04 m；第4层，淤泥质粉质黏土，灰褐至黄褐色，平均层厚5.16 m；第5层，砂质粉土，灰褐至黄褐色，平均层厚1.35 m；第6层，粉质黏土，灰褐至黄褐色，平均层厚2.66 m；第7层，砂质粉土，灰褐色，平均层厚1.49 m。

二、设计要求

（1）水泥土搅拌桩的桩径500 mm，施工有效长度为8～13 m，具体情况根据地质层厚的不同而定，桩间距1.2 m，按正三角形布置，桩端落在第5层砂质粉土上。（图5-1）

（2）水泥土搅拌桩采用42.5级普通硅酸盐水泥，水泥要以现场检验合格为标准，不得采用过期水泥。水泥掺入量沿桩长每延米60～80 kg。

（3）加固后的复合路基承载力不小于130 kPa。

（4）水泥土搅拌桩上层铺筑50 cm级配碎石，在级配碎石中间加一层钢塑格栅。钢塑格栅的经、纬向抗拉强度≥80 kN/m，伸长率≤3%，节点极限剥离力≥200 N，钢塑格栅两端需反折2 m铺筑。

（5）水泥土搅拌桩体90天无侧限抗压强度不小于2.1 MPa。

（6）桩的垂直度偏差不得超过1%，桩位的偏差不得大于50 mm。

三、施工要求

（1）施工前需清理场地并整平，开挖排水沟，疏排场内积水，保持场地内干燥，能够保证钻机进入场地操作。

（2）施工前应根据设计进行工艺性试桩，数量不得少于3根，多轴搅拌施工不得少于3组。完成后对工艺试桩进行质量检测，确定施工参数。

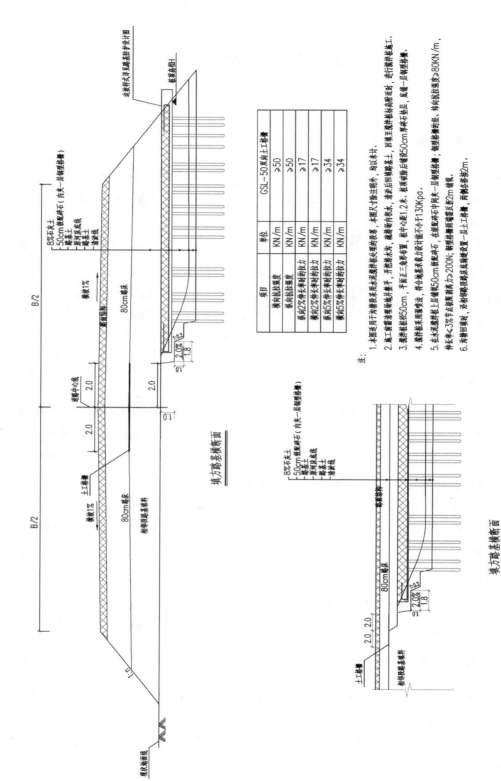

图 5-1 水泥土搅拌桩（湿法）设计图

（3）搅拌桩施工时，停浆面应高于桩顶设计标高500 mm。开挖基坑时，应将桩顶以上施工质量较差的桩段，采用人工挖除。

（4）钻机技术性能和指标应符合设计和施工要求。搅拌头翼片的枚数、长度、高度、倾斜角度、搅拌头的转速、提升速度应相互匹配。搅拌头钻进和喷浆次数不小于规范规定次数。

（5）钻机就位应满足设计图纸的要求，垂直度偏位、桩孔的位置及水泥浆供应系统的管长均应符合规范和设计的要求。

（6）施工时必须确保加固长度和均匀性，严格按照设计，确定参数，控制喷浆和搅拌提升速度及重复搅拌时的下沉速度，压降段不允许出现断浆，输浆管道不能发生堵塞。

（7）水泥土搅拌桩的施工应包括以下主要步骤：① 搅拌机械就位、调平；② 顶搅下沉至设计加固深度，到达设计持力层；③ 边喷浆边搅拌，直至提升至预定停浆面；④ 重复搅拌下沉至设计加固深度；⑤ 根据设计要求，喷浆或仅搅拌提升至预定停浆面；⑥ 关闭搅拌机械。

（8）施工过程中如因地下障碍物等原因致使无法进钻时，应及时通知建设、设计、监理等相关人员，采取必要的补救措施。

四、施工方案

该项目水泥土搅拌桩施工工艺流程：轴线放样→测放桩位→钻机就位→搅拌下沉→制配水泥浆→喷浆搅拌、提升→重复搅拌提升至孔口→关闭钻机、清洗、移至下一桩位。

该工程施工严格按照建筑工程施工与验收的有关技术规范、规程和标准执行，具体施工技术参数按现场试桩得出的，并经设计、监理等确认的技术参数进行。

（一）轴线放样

根据业主提供的控制点及设计图纸，由专业测量人员测放出拟建物轴线及控制点，并加以妥善保护，以便打桩时引测、控制、复核桩位。由于打桩产生的挤土作用，可能会对控制点造成影响，所以，在施工期间，对控制点每周复测两次，发现位移及高程变化，及时调整临时坐标值和标高值，以免引起较大误差。

（二）测放桩位

放线定位严格遵守《工程测量规范》（GB 50026—2007）中有关桩基施工的规定。复核场地轴线及控制点无误后，采用经纬仪和钢卷尺，由专业测量人员测放桩位，并作好标记，要求放样误差≤2 cm。定位与打桩间隔不超过24 h，施工过程中，尤其要注意防止标识破坏而引起桩位不准，并随时复核，对因挤土作用引起的桩位偏差，及时调整。

（三）钻机就位

塔架悬吊深层钻机到达指定桩位，使钻头中心对准设计桩位。桩位误差≤5 cm，钻杆垂直度偏差≤1%H，并在打桩过程中随时跟踪检查钻杆的垂直度。成桩直径和桩长不得小于设计值。

（四）搅拌下沉

将搅拌头对准设计桩位后，启动电机，待搅拌头转速正常后，边旋转切土边下沉边喷浆，直至达到加固深度。搅拌头翼片的枚数、宽度、与搅拌轴的垂直夹角、搅拌头的回转数、提升速度应相互匹配，钻头每转一圈的提升（或下降）量以1.0～1.5 cm为宜，以确保加固深度范围内土体的任何一点均能经过20次以上的搅拌。下沉速度可由电机的电流监测表控制，工作电流不应大于70 A。

（五）制配水泥浆

桩体所用水泥为42.5级的普通硅酸盐水泥，水灰比宜为0.45，水泥掺和量为60～80 kg/m。

所使用的水泥都应过筛，制备好的砂浆不得离析，泵送必须连续。拌制水泥浆液的灌数、水泥和外掺剂的用量以及泵送浆液的时间等应有专人记录；喷浆量及搅拌深度必须采用经国家计量部门认证的检测仪器进行自动记录。

（六）喷浆搅拌、提升

施工中，应严格控制喷浆量及搅拌提升速度，保证桩体质量。钻机下沉、提升速度不宜大于0.8 m/min。

（七）重复搅拌提升至孔口

该工程采用四喷四搅的方法施工，待钻机提升到设计加固范围的顶面标高时，再次将钻机边旋转边沉入土中。

（八）关闭钻机、清洗、移至下一桩位

向集料斗中注入适量的清水，开启灰浆泵，清洗全部管路中残余的水泥浆，直至基本干净，并将黏附在搅拌头的软土清除干净。

将钻机移位，重复以上工序，进行下一根桩的施工。

（九）施工记录

每根桩在施工过程中，必须做好原始记录，并随时观测桩顶和地面有无隆起及水平位移。同时，要采用自动记录仪记录注浆量、下沉提升速度，记录仪必须有国家计量部门的认证，严禁采用施工单位自制的记录仪。

（十）施工要点

（1）施工前应先进行场地的平整，确定桩位。

（2）施工时，叶片宜以 0.38～0.75 m/min 的速度沉至加固深度，再以 0.3～0.5 m/min 匀速提升，并同时将水泥浆从中心管压入土中，由搅拌叶片将水泥浆与深土处的软土进行搅拌，慢提至地面，再用同一方法进行复打即可完成。

（3）钻机喷浆提升的速度和次数必须符合施工工艺的要求，并应有专人记录。当水泥浆液到达出浆口后，应喷浆搅拌30 s，将水泥浆与桩端土充分搅拌后，开始提升搅拌头。

（4）施工时如因故停浆，应将搅拌头下沉至停浆点以下 0.5 m 处，待恢复供浆时再喷浆搅拌提升。若停机超过 3 h，应拆卸输浆管路，并加以清洗。

（5）施工中应检查提升速度、水泥浆注入量、搅拌桩的长度及标高等。

（6）供参考的机械参数：① 钻进速度 v<1.0 m/min；② 提升速度 0.4～0.8 m/min；③ 搅拌转数 r=30～50转/min。

送浆管内的空气压力在喷浆时 P=0.25～0.5 MPa，停喷搅拌时 P= 0.2 MPa，对含水量大于55%的软土层，喷浆压力应小于0.25 MPa。

该项目送浆管的长度小于 60 m。

五、检测及验收要求

（1）该项目水泥土搅拌桩的检测必须由单独的检测单位独立完成，并严格执行《建筑路基处理技术规范》（JGJ 79—2012）的要求。

（2）施工过程中应随时检查施工记录和计量记录，确保施工资料完备。

图 5-2　施工现场照片

（3）成桩 3 天内，采用轻型动力触探（N10）检查上部桩身的均匀性，检验数量为总桩数的 1%，且不少于 3 根。

（4）成桩 7 天后，采用浅部开挖桩头进行检查，开挖深度宜超过停浆面以下 50 cm，检查桩的均匀性，测量成桩直径，检查数量不少于总桩数的 5%。

（5）水泥土搅拌桩复合路基承载力检验应采用复合路基静载荷载试验和单桩静载载荷试验。检验数量不少于总桩数的 1%，复合路基静载荷载试验数量在每个施工作业点不少于 3 处。

（6）对于变形有严格要求的工程，应在成桩 28 天后，采用双管单动取样器钻取芯样做水泥土抗压强度检验，检验数量为施工总桩数的 0.5%，且不少于 6 点。

（7）检验前凿除桩顶 0.5 m 软桩头。

表5-1　质量标准及允许偏差

序号	项目	单位	标准及允许偏差	检验频率	检验方法
1	桩位平面	mm	± 50	每根桩	规范规定的方法
2	桩倾斜度	%	1.5	每根桩	
3	桩底高程	m	不高于设计	每根桩	
4	桩顶高程	m	不低于设计	每根桩	
5	单桩水泥量	%	≤5	每根桩	
6	桩体90天无侧限抗压强度	MPa	不小于设计	0.2%	

六、检查结果

该项目实施完成后，业主委托具有检测资质的专业机构按照检测要求对单桩承载力和复合路基承载力进行检测。通过对该工程进行的 9 根复合路基增强体单桩竖向抗压静载试验，确定该工程复合路基增强体单桩竖向抗压承载力特征值为 130 kN，满足设计要求。通过对该工程进行 8 组复合路基载荷试验，确定该工程复合路基承载力特征值为 130 kPa，满足设计要求。

表5-2　单桩承载力和复合路基承载力试验结果

水泥搅拌桩编号	检测方法	桩径（m）	桩长（m）	桩间距（m）	设计承载力	试验最大加载量	试验检测承载力	质量评价
C-16	单桩承载力	0.5	12	/	130 kN	260 kN	130 kN	合格

续表

水泥搅拌桩编号	检测方法	桩径（m）	桩长（m）	桩间距（m）	设计承载力	试验最大加载量	试验检测承载力	质量评价
C-20	复合路基承载力	0.5	12	1.2	130 kPa	260 kPa	130 kPa	合格
A-40	复合路基承载力	0.5	10	1.2	160 kPa	320 kPa	160 kPa	合格
C-51	单桩承载力	0.5	10	/	130 kN	260 kN	130 kN	合格
B-6	单桩承载力	0.5	12	/	130 kN	260 kN	130 kN	合格
C-5	复合路基承载力	0.5	12	1.2	130 kPa	260 kPa	130 kPa	合格
A-85	单桩承载力	0.5	12	/	130 kN	260 kN	130 kN	合格
C-52	复合路基承载力	0.5	12	1.2	130 kPa	260 kPa	130 kPa	合格
1-111	单桩承载力	0.5	12	/	130 kN	260 kN	130 kN	合格
1-48	复合路基承载力	0.5	12	1.2	130 kPa	260 kPa	130 kPa	合格
A-48	单桩承载力	0.5	12	/	130 kN	260 kN	130 kN	合格
C-44	复合路基承载力	0.5	12	1.2	130 kPa	260 kPa	130 kPa	合格
1-322	单桩承载力	0.5	12	/	130 kN	260 kN	130 kN	合格
1-348	复合路基承载力	0.5	12	1.2	130 kPa	260 kPa	130 kPa	合格
1-28	单桩承载力	0.5	12	/	130 kN	260 kN	130 kN	合格
1-211	复合路基承载力	0.5	12	1.2	130 kPa	260 kPa	130 kPa	合格
B-25	单桩承载力	0.5	12	/	130 kN	260 kN	130 kN	合格

　　通过该工程实测数据可知，水泥土搅拌桩在本地区经路基处理是可行的、有效的，并且该工艺已应用多年，技术成熟，造价也相对较低，适合在黄河三角洲地区推广使用。

第六章

≪≪≪ 水泥粉煤灰碎石桩路基

第一节　概述

水泥粉煤灰碎石桩是由水泥、粉煤灰、碎石、石屑或砂加水拌和形成的高黏结强度桩，英文名为 Cement Fly-ash Grave，简称 CFG 桩。由桩、桩间土和褥垫层一起构成了复合路基。

水泥粉煤灰碎石桩复合路基（图6-1、图6-2）具有承载力提高幅度大，路基变形小，造价低等特点，适用范围较广，对于黏性土、砂土、粉土和正常固结的素填土等十字板抗剪强度不小于 20 kPa 的软土路基均有较好的适用性，对淤泥质土则应按地区经验或通过现场试验确定其适用性。

相对于桩基，由于 CFG 桩的桩体材料可以掺入工业废料粉煤灰，不配筋，能充分发挥桩间土的承载能力，工程造价一般仅为桩基的 1/3～1/2，经济效益和社会效益非常显著，因而在工程建设中得到了广泛应用。

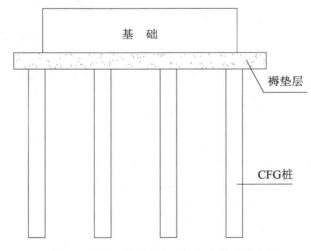

图6-1　水泥粉煤灰碎石桩复合路基示意图

图6-2　水泥粉煤灰碎石桩复合路基实景图

第二节　水泥粉煤灰碎石桩加固路基作用机理

水泥粉煤灰碎石桩加固软土路基作用机理与成桩工艺、土层、荷载作用等有关，主要有以下几个方面。

一是桩体的置换作用。用混合料制成桩体后，路基中的桩体替代了相当一部分天然土层，这些群桩使得一些路基土面积换成了桩的面积。桩体承载力较天然土层承载力大得多，而且桩越深，桩的荷载分担比越高。

由于桩越深，桩的荷载分担比越高，为了充分发挥CFG桩的作用，通常桩长应放在相对承载力较高的土层作为持力层，这样桩端可以发挥一定的承载作用。当然，桩体与桩周土的摩擦作用也可以产生一定的承载力。

水泥粉煤灰碎石桩不同于碎石桩等其他桩型，它的桩身是具有一定黏结强度的混合料，比其他桩型有更大的承载能力。在荷载作用下，其桩身压缩量明显比周围软土小，因此，基础传给复合路基的附加应力随路基的变形逐渐集中到桩体上，出现应力集中现象。根据工程资料，在复合路基中，CFG桩的单桩桩土应力比 $n_0=24.3\sim29.4$，具有更显著的桩体承载作用。

二是土层的挤密作用。水泥粉煤灰碎石桩主要采用长螺旋钻或振动沉管成孔。无论采哪种方法成孔，桩的周边土层都会受到挤压。尤其是在使用沉管成孔的过程中，由于机具锤击、下压等作用，桩孔内的土被强制向四周挤出，桩周一定范围内的土被压缩、扰动和重塑。同时，由于在填料过程中对混合料的振实作用，也会使桩的周围土层得到挤密。原本松散的天然软土层，经过挤密作用，土颗粒结构和密实性得以改善，桩间土层的承载能力得到提高，这就是在复合路基中桩间土层挤密作用的积极意义。当然，长螺旋钻成孔时挤密作用很小，钻孔过程属于非挤密性，只在填料过程中才对孔周土层有所挤密。

三是褥垫层作用。CFG 桩复合路基的众多优点都与褥垫层有关，因而褥垫层技术也是 CFG 桩复合路基的一个关键技术。褥垫层由中砂、粗砂、级配砂石或碎石等散体材料组成，最大粒径不宜大于 30 mm，垫层厚度宜取 0.3～0.5 m，当桩径大或桩距大时，垫层厚度宜取高值。由于褥垫层的存在，使得桩、土共同承担上部路基的荷载，并能有效调整桩、土荷载分担比。

四是排水作用。CFG 桩体材料的渗透性与混合料中粉煤灰和水泥的用量有关，据资料显示，CFG 桩桩体的渗透系数范围一般为 10^{-3}～10^{-1} cm/s，而桩间土的渗透系数范围一般在 10^{-6}～10^{-4} cm/s，可见桩体的透水性远比桩间土的大。CFG 桩成为一个良好的排水通道，土体内地下水会沿着桩体向上排出，直到 CFG 桩体结硬为止。因此，CFG 桩复合路基在成桩初期，桩体实际上已构成固结排水通道，加速了桩周土体的固结，排水作用效果明显。

五是加筋作用。复合路基不但提高了路基竖向承载力，同时也提高了土体的抗剪强度，因而可增加土坡的抗滑能力，给路基带来了很好的稳定作用。

第三节　水泥粉煤灰碎石桩复合路基设计计算

一、一般技术要求

（1）桩径。桩径可根据成孔机械、施工工艺、场地土质等具体情况确定桩径大小，水泥粉煤灰碎石桩的桩径范围是 350～600 mm。

（2）桩长。桩长应根据设计对承载力和变形的要求、土质条件、设备能力等确定；桩端应落在强度相对较高的土层上，最大桩长不宜大于 30 m。

（3）桩距。桩距应依照承载力、变形和土质要求，通过计算来确定，通常桩距为 3～5 倍桩径，宜采用等边三角形、正方形、矩形布孔。

（4）桩体强度宜为 5～20 MPa，设计强度应满足路堤沉降与稳定的要求。

（5）布桩形式。布桩形式可采用三角形、长方形、正方形等不同形式，但最常用的是等边三角形和正方形。

（6）布桩范围。根据路基承载的要求，通常采用满堂布桩，并超过路基范围外不少于1.0 m。如图6-3所示，图中 W 不小于1.0 m。

（7）充填料。桩体填充料为水泥、煤粉灰、碎石、石屑或砂子加水搅拌而成的高黏结强度混合料，密度大于2 000 kg/m³。

配合比应根据成桩要求的混合料坍落度和桩体设计强度确定，桩体的设计强度应取28天无侧限抗压强度。在工程实践中，水泥粉煤灰碎石桩的桩身材料按混凝土相同的强度标准进行评价，填充料则根据土质和承载大小的不同，依照与混凝土相同的强度等级进行配比，适用范围为C5～C20。

桩体填充料应严格控制配比，长螺旋钻钻孔、管内泵压混合料灌注成桩的混合料施工坍落度为160～200 mm，振动沉管成孔灌注混合料成桩的混合料施工坍落度为30～50 mm。也可以说，混凝土泵车压力灌注混合料时，坍落度为160～200 mm；通过料管自落卸料灌注混合料时，坍落度为30～50 mm。

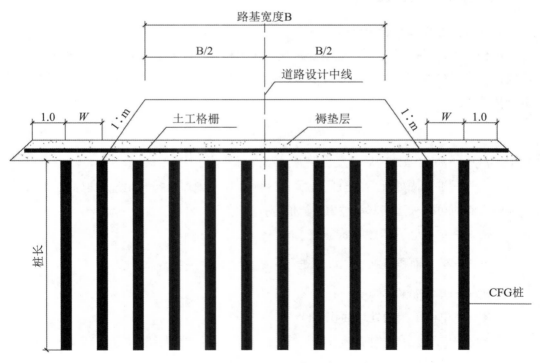

图6-3　水泥粉煤灰碎石桩加固路基示意图

在工程设计中，应根据桩体的强度等级进行配比试验，来决定各种材料的掺量。为了便于参考，现介绍三个工程CFG桩浆液建议配合比。

工程一：每立方米浆液中的成分及含量：水（189 kg）、水泥（175 kg）、粉煤灰（207 kg）、石屑（492.8 kg）、碎石（1 236.2 kg），早强剂采用三乙醇胺，掺入量为水泥质量的0.2%。

工程二：泵送商品混合料，坍落度为160～200 mm，水泥：砂子：碎石：粉煤灰：外加剂：水=1：4.75：6：0.76：0.033：1。

工程三：现场搅拌混合料，坍落度为30～50 mm，水泥：砂子：碎石：粉煤灰：水=1：4.15：5.5：0.5：0.9。

（8）垫层：为保证复合路基的整体性，使路基与桩体能够有效联合受力，在桩顶与路基之间要铺设一层厚度为15～30 cm的褥垫层，垫层范围通常超出桩体不小于1.0 m。垫层材料可为中砂、粗砂、级配碎砂石、级配碎石等，垫层材料粒径不大于30 mm。垫层夯填度（夯实厚度与虚铺厚度的比值）不得大于0.9，通常按0.87～0.90控制采用。

二、水泥粉煤灰碎石桩的主要计算

（一）复合路基承载力计算

群桩与处理后的桩间土形成复合路基，水泥粉煤灰碎石桩复合路基承载力特征值应通过现场单桩或多桩复合路基载荷试验确定。初步设计当无试验资料时，可按下式进行估算：

$$f_{spk}=m\frac{R_a}{A_P}+\beta（1-m）f_{sk} \qquad （6-1）$$

式中，f_{spk}——桩加固处理后的复合路基承载力特征值（kPa）；

f_{sk}——桩加固处理后的桩间土承载力特征值（kPa），按当地经验取值，当缺少实际资料时可取天然路基承载力特征值f_k；

R_a——单桩竖向承载力特征值（kN）；

m——桩土面积置换率，$m=\dfrac{A_p}{A}$；

A_P——单桩截面积（m²）；

A——单桩承担的处理面积（m²）；

β——桩间土承载力折减系数，按当地经验取值。如无经验时可取0.75～0.95，天然路基承载力较高时取大值。

（二）单桩竖向承载力计算

水泥粉煤灰碎石桩的单桩竖向承载力特征值 R_a 的计算，必须符合下列规定。

（1）当采用单桩载荷试验时，应将单桩竖向极限承载力除以安全系数2，即

$$R_a = \frac{q_u}{2} \tag{6-2}$$

式中，R_a——单桩竖向承载力特征值（kN）；

q_u——载荷试验时单桩竖向极限承载力值（kN）。

（2）当无单桩载荷试验资料时，按下式估算：

$$R_a = u_p \sum_{i=1}^{n} q_{si} l_i + q_p A_p \tag{6-3}$$

式中，R_a——单桩竖向承载力特征值（kN）；

u_p——桩的周长（m）；

n——桩长范围内所划分的土层数；

l_i——第 i 层土的厚度（m）；

q_{si}——桩周第 i 层土的侧阻力特征值（kPa）；

q_p——天然土层桩的端阻力特征值（kPa）；

A_P——单桩截面面积（m^2）。

对于上述两式的结果，设计中应取小值。

在实际工程中，在相同的承载力前提下，桩径选择时优先选用小直径桩，在布桩方式上优先考虑等边三角形布置，性价比更高。

处理后的复合路基承载力不宜大于3倍的基底天然路基承载力，下部有软弱土层时，尚应考虑软弱下卧层的影响。

第四节 水泥粉煤灰碎石桩的施工

一、施工机具

水泥粉煤灰碎石桩的施工机械主要是成孔机械和灌注机械。成孔机械有长螺旋钻机及振动沉管机。灌注机械有混凝土泵、混凝土泵车、高压输送管。辅助设备有强制式混凝土搅拌机、溜槽或导管。混合料运输设施有手推车、机动翻斗车、小容量装载机、混凝土搅拌输送车等。其中，混凝土搅拌输送车只用于远距离或商品混合料的运输。

长螺旋钻是因钻杆上布有连续的螺旋状叶片而得名，由动力头、钻杆、导向架、钻头等构成，被安装在柴油打桩架导杆上，行走机构是履带式起重机或汽车式起重机。长螺旋钻具有无噪声、无污染、无振动、无冲击的特点，通常情况下应优先选用长螺旋钻钻机。长螺旋钻的钻孔深度可达30 m。

混凝土输送采取泵运送混凝土，自动化程度好，工作效率高，施工简单，无振动和噪声，特别适用于场地狭窄处的施工。根据移动方式，混凝土泵分为拖行式、固定式、车载式和臂架式。臂架式混凝土泵通称为"混凝土泵车"，是将混凝土泵装在汽车底盘上，采用液压折叠式臂架管道输送，臂架具有变幅、曲折、回转三个动作，输送管道沿臂架铺设。在臂架活动范围内，可以任意改变混凝土浇筑位置，不须在现场临时铺设管道，节约了辅助时间，提高了工作效率，特别适用于混凝土浇筑量大和质量要求高的工程。

混凝土搅拌机按搅拌原理分为自落式和强制式两类。两者的区别在于，搅拌叶片与搅拌桶之间没有相对运动的为自落式，有相对运动的为强制式。因强制式混凝土搅拌机功率大，工程中常被使用，水泥粉煤灰碎石桩施工时也多用强制式混凝土搅拌机，所以，这里只介绍强制式混凝土搅拌机。

强制式混凝土搅拌机又分立轴强制式和卧轴强制式两种，其中，卧轴强制式又有单卧轴与双卧轴之分。卧轴强制式因在技术经济指标方面优于立轴强制式而得到更广泛的应用。单卧轴混凝土搅拌机多用于一般工程的施工中，双卧轴混凝土搅拌机适用于混凝土搅拌量大的工程中，如拌和楼主机、拌和站主机、大中型混凝土预制工厂等。

二、设备布置

通常施工所用的机械、机具、设备、设施等都要针对场地情况和主要机具台数进行合理布置，遵循方便施工、互不干扰、提高速度、节约资金的原则。

成孔机械是制桩的主要机械，应布置在有利位置，便于移位。控制操作台（或称电气操作台）起着指挥作用，应布置在距孔位较近的地方。运输设施要方便供料，在填料堆场与孔位之间要有较短的通顺道路，以利于运料机具的运行。填料堆场宜根据场地情况设置在拌和机附近，避免运输供应的麻烦。

三、施工方法

（一）施工走向

施工进退走向视机械台数和施工任务大小而定。当施工量很大时，可分成3～4

块，用3～4台机械同时施工；当施工现场距已有围墙或建筑物很近时，应先在靠近已有围墙或建筑物处制桩；当施工量一般时，可采用2台机械同时从中部开始，向两端逐渐行进；当1台机械施工时，可以由一端向另一端行进。

（二）成孔方法

水泥粉煤灰碎石桩的成孔、成桩方法主要有三种，具体介绍如下。

第一种：长螺旋钻钻孔灌注成桩，适用于地下水位以上的黏性土、粉土、素填土、中等密实以上的砂土。该方法是用长螺旋钻成孔，运料车通过受料斗和溜管灌注混合料成桩。

第二种：长螺旋钻钻孔、管内泵压混合料灌注成桩，适用于地下水位以下及地下水位以上的黏性土、粉土、砂土以及对噪声或淤泥污染要求严格的场地。该方法是用长螺旋钻成孔，混凝土泵车通过高压输料管灌注混合料成桩。

第三种：振动沉管成孔灌注混合料成桩，不受地下水位限制，适用于黏性土、粉土、素填土及松散的饱和粉细砂等路基。该方法是用振动沉管打桩机（振动沉拔桩锤）成孔，运料车通过受料口和桩管灌注混合料成桩。

上述三种成孔、成桩方法中，前两种属于非挤土成桩工艺，即长螺旋钻成孔对孔周土层不产生挤密作用，而振动沉管成孔属于挤土成桩工艺，成孔过程中对孔周土层会产生有效的挤密作用。

长螺旋钻机施工的最大优点是穿透力强、成孔深度大、无振动、低噪声、无泥浆污染、施工效率高、质量容易控制等，可广泛用于城市建设中；但它的不足是成孔时对孔周土层没有挤密作用，并且要求桩长范围内无地下水，以保证造孔时不塌孔。

振动沉管法成孔是用打桩机将带有特制桩尖的钢管打入土层中，并达到设计深度，然后缓慢拔出桩管后成孔，方法简单易行，孔壁光滑平整，挤密效果较易控制，但处理深度受桩架高度限制，一般不超过7m。振动沉管成孔灌注成桩法的优点是可用于地下水位以下、对孔周土层会产生较好的挤密作用，但难以穿透厚的硬土层、砂层和卵石层等，在饱和黏性土中成桩，会造成地面隆起，挤断已打桩，并且振动与噪声污染严重，在城市居民区施工会受到限制。在夹有硬的黏性土层时，可先用长螺旋钻机引孔，再用振动沉管打桩机制桩。

由上述可知，CFG桩是采用振动沉管机和螺旋钻机施工成桩，而选用哪类成桩机及其型号，要视工程的具体情况而定。例如，在我国北方大多数存在的、夹有硬土层地质条件的地区，单纯使用振动沉管机施工，会对已打桩形成较大的振动，从而导致桩体被振裂或振断。对于灵敏度和密实度较高的土，振动会使土的结构强度遭到破坏，密实度减小，引起承载力下降，故不能简单地使用振动沉管机。此时，宜采用螺旋钻预引孔，然后再用振动沉管机制桩。这样的设备组合避免了已打桩被振坏或扰动导致桩间土的结构被破坏而引起复合路基的承载力降低。所以，在施工准备阶段，必须详细了解地质情况，合理选用施工机械，这是确保CFG桩复合路基质量的有效途径。

a. 长螺旋钻机　　　　　　　　　　b. 振动沉管机

图6-4　常见的CFG成桩设备

（三）填料与夯实

机械成孔后，将搅拌好的混合料用混凝土泵车打入孔中，在拔管过程中利用高差产生的重力自振捣效果，使混合料自振密实的同时还挤密了桩间土，从而使处理后的复合路基的强度和抗变形能力明显提高。因此，CFG桩实际是水泥粉煤灰与碎石料搅拌混合而成的近似混凝土桩，在基础开挖前用钻机打孔造桩。

螺旋钻机的钻杆是空心的，先把钻杆打到规定的地下深度，然后再往上拔出钻杆。在拔钻杆的过程中，用混凝土泵车把混合料注入钻杆空心内，混合料随着钻杆的拔起落入土中就形成了桩，并以落差自重力使已灌注混合料变得密实。

四、施工准备

水泥粉煤灰碎石桩的施工准备主要有以下几个方面。

（1）施工技术、施工人员、施工机具、材料供应、生产物资、生活物资、施工用房等的准备。

（2）三通一平准备，主要是水通、电通、路通和施工场地平整。水通指供水质量和数量应满足工程生产、生活需要，供水设施齐全，输水管路畅通，通排水系统畅通，防止污水乱排乱泄。电通指供电设施齐全，电压、电流、电量应满足工程生产、生活负荷要求，输电线路的规格应符合规定。路通指场内外交通畅通无阻，满足生产物资、生活物资的运输要求。施工场地平整主要指铲除施工场地的土丘、树根、孤石等障碍，填平坑洼，确保施工场路基本平整，便于机械移动、材料运输，使施工能够顺利进行。

（3）制定技术供应保障措施、生产安全保障措施、施工质量保障措施。

（4）做好施工场地布置，主要是供电线路、交通道路、填料堆场。另外，还应考虑机械停放场、配电室、机修房、工人休息室、生产用房、生活用房、办公用房等的合理布设。

（5）桩的定位。平整场地后，测量地面高程并符合设计要求。桩的定位主要是根据设计图纸的布桩要求，将各桩定点到实地位置，并在桩位打上小木桩标示，桩位偏差应符合设计要求。

五、成桩工艺及流程

常见的成桩工艺主要有长螺旋钻孔灌注成桩、长螺旋钻孔及管内泵压混合料灌注成桩、振动沉管成孔灌注混合料成桩。

（一）长螺旋钻孔灌注成桩工艺

用长螺旋钻成孔，运料车通过受料斗和溜管灌注混合料成桩。此方法只适用于地下水位以上的作业，施工中必须配置混凝土搅拌机，现场拌制桩体混合料，由机动翻斗车等运输工具将拌制好的混合料运至孔口，卸入受料斗，并通过导溜管灌入孔中。混合料灌注靠自重力而变得密实，灌注过程应均匀，慢速上升，从孔底直至孔口，完成一根桩的灌注任务。由于桩顶段落差小，混合料的自重力也小，密实性较差，可用软轴振动器对桩顶2～3 m进行振捣。

为防止灌注混合料时发生离析现象，影响桩体均匀性和强度，溜管出口距混合料灌注面的高度不应大于2～3 m。

螺旋钻机就位时，必须保持平衡，不发生倾斜、位移。为准确控制钻孔深度，应在机架上或机管上做出控制的标尺，以便在施工中进行观测、记录。

长螺旋钻机成孔灌注桩的施工步骤有如下几个方面。

（1）钻机就位，并使钻头对准桩孔中心，同时准备好混合料的供应。

（2）启动电动机施钻，钻机边钻进边排土，并及时清理孔口周边弃土，当钻至预定深度后停钻。

（3）提升钻杆至孔外地面。

（4）运料车供混合料，并通过受料斗和导溜管灌注混合料，由下而上直至桩顶（高出设计桩顶 50 cm），整桩混合料的坍落度按 30～50 mm 控制。

（5）对桩顶段用软轴振动器进行振捣。

（6）成桩后，桩顶封黏性土进行有效养护和保护。

（7）移机到新的桩孔，重复上述步骤，直至全部完成工程制桩任务。

（二）长螺旋钻钻孔及管内泵压混合料灌注成桩

长螺旋钻钻孔及管内泵压混合料灌注成桩的方法就是采用长螺旋钻成孔，混凝土泵车通过高压输料管灌注混合料成桩，是国内近几年来使用比较广泛的一种新工艺。泵车的高压输料管与螺旋钻机的钻杆内管直接连接，形成完整密封的混合料管道输送系统，既可用于地下水位以上，也可用于地下水位以下。泵车输送效率高，灌注可靠，机械化程度高，减轻了劳动强度。

长螺旋钻钻孔及管内泵压混合料灌注成桩施工在钻至设计深度后，应准确掌握提拔钻杆时间，混合料泵送量应与拔管速度相配合，遇到饱和砂土或饱和粉土层不得停泵待料。

在钻机架上预先做好深度标记，利用深度标记进行成孔深度控制。钻孔开始时，要先慢后快，减少钻杆的晃动，发现钻杆摇晃或难钻进时，应放慢进度，以防桩孔偏斜、位移。按设计要求钻至设计深度后，停止钻进，开始提升钻杆、压灌混合料，边泵送混合料边提升钻杆。

该方法一般用于地下水位以下，在钻孔深度达到要求后，应先灌注一定高度（一般为 2～3 m）的孔底混合料，然后提钻并使出料管口埋入已灌混合料中约 1 m，再正式开始泵送混合料，管内空气从排气阀排出，待钻杆内管及输送软管、硬管内混合料连续时提钻。边提钻边灌注，始终保持出料口埋入已灌混合料中 1 m 深左右，每打泵一次提升 200～250 mm，由下而上，直至孔口。

长螺旋钻钻孔及管内泵压混合料灌注成桩的施工要点有如下几个方面。

（1）开始泵送混合料后，边提钻边灌注，均匀提钻并保证钻头始终埋在混合料中。

（2）施工中应避免出现混合料搅拌不均、混合料坍落度小、成桩时间过长、混合料初凝、水泥或粗骨料不合格、外加剂与水泥配比性不好等现象，以免发生混合料堵管事故。

（3）当遇到饱和粉细砂及其他软土路基，且桩间距小于 1.3 m 时，宜采取跳打的方法，以避免发生串桩现象。

（4）施工过程中应控制提钻速度，避免提钻速度过快，提钻的速率与混合料的泵送速率应协调一致，避免发生钻尖不能埋入混合料中的现象，从而导致缩颈、夹泥现象。

（5）施工时若出现混合料灌注中断时间超过1 h或混合料产生离析现象，应重新钻孔成桩。

（6）工程量大时应采用商品混合料，如采用现场搅拌，应计量准确，保证搅拌时间不少于规定时间，以保证混合料的和易性、坍落度满足设计要求。

长螺旋钻孔及管内泵压混合料灌注成桩的施工步骤有如下几个方面。

（1）钻机就位，并使钻头对准桩孔中心，同时准备好混合料的供应。

（2）启动电动机施钻，钻机边钻进边排土，并及时清理孔口周边弃土，当钻至预定深度后停钻。

（3）灌注孔底混合料。

（4）提钻与泵送混合料同步实施，管内泵压灌注混合料应均匀，拔管速度控制在1.2～1.5 m/min，不能太快，边提钻边投混合料，由下而上直至桩顶（高出设计桩顶50 cm），整桩混合料的坍落度按160～200 mm控制。

（5）将钻杆提出孔外地面。

（6）对桩顶段用软轴振动器进行振捣。

（7）成桩后，桩顶封黏性土进行有效养护和保护。

（8）移机到新的桩孔，重复上述步骤，直至全部完成工程制桩任务。

（三）振动沉管成孔灌注混合料成桩

用振动沉管打桩机（振动沉拔桩锤）成孔，运料车通过沉管顶设置的进料口和桩管灌注混合料成桩。

桩机进入现场，根据设计桩长、沉管入土深度确定机架高度和沉管长度，并进行设备组装。沉桩设备就位后必须平正、稳固，确保在施工过程中不发生倾斜、移动。为准确控制沉桩深度，振动沉管机沉管表面应有明显的进尺标记，并根据设计桩长、沉管入土深度确定机架高度和沉管长度。桩身必须垂直，应在机架的相互垂直两面上分别设置两个0.5 kg重的吊线锤，并画上垂直线。

振动沉管成孔灌注混合料成桩法的施工方法及工艺流程有如下几个方面。

（1）设置桩尖和桩管。按照施工放样的桩位中心，先行预制钢筋混凝土桩尖，并将桩尖埋入地表以下30 cm左右。

（2）桩机就位。调整沉管与地面垂直度，确保垂直度偏差不大于1%，桩架安装必须水平，桩管应垂直套入桩尖，二者在同一轴线上。

（3）沉管。启动马达沉管到预定深度后停机。沉管过程中作好记录，每沉1 m记录电流表的电流量一次，并对土层变化予以说明。在振动沉管过程中，不得有偏心，并随时检查预制钢筋混凝土桩尖有无破损、桩管有无偏移或倾斜，若出现上述情况应立即纠正。桩管内不允许进入水或泥浆，当有水或泥浆进入时，应灌入 1.5 m 高的封底混合料后再开始沉管。

（4）灌注混合料。沉管到达一定深度后，用料斗通过管顶进料口立即向管内投料，每次向桩管内灌注混合料时应尽量多灌，用长桩管打短桩时混合料可一次灌足，打长桩时第一次灌入桩管的混合料应尽量灌满。第一次拔管高度应以能容纳第二次所需要灌入的混合料量为限，不宜拔得太高。在拔管过程中应设专人用测锤检查管内混合料面的下降情况。混合料按设计配比经搅拌机加水拌和，拌和时间不得少于 2 min。加水按坍落度 30～50 mm 控制，成桩后浮浆厚度以不超过 10 cm 为宜。

（5）拔管。当混合料灌满桩管后（混合料与桩管顶部投料口齐平），启动机进行拔管。由于采用了预制桩尖振动沉入的桩管，应使沉管在原地留振 5～10 s 再开始拔管，边振动边拔管，若填料不足，应继续补充投料。每上拔 1 m，应停拔并留振 5～10 s，如此反复操作至桩管全部拔出。根据实际情况，拔管速度应控制在 0.8～1.2 m/min 以内。如遇淤泥质土，拔管速度可加快至 1.4 m/min。拔管过程中不允许反插。如上料不足，须在拔管过程中投料，以保证成桩后桩顶标高达到要求（高出设计桩顶 50 cm）。

（6）桩管拔出地面确认成桩符合设计要求后，用粒状材料或黏性土封桩顶，进行覆盖养护。

（7）移机到新的桩孔，重复上述步骤，直至全部完成工程制桩任务。

据此，振动沉管成孔灌注混合料成桩的施工过程可归纳为：预制桩尖→桩机就位→沉管至设计深度→满管灌注混合料→边振动边拔桩管→桩管拔出地面→成桩→黏性土封桩顶→移机到新的桩孔。

六、施工过程控制

（1）在施工过程中，桩体混合料应做抽样试验，每台机械一天至少做一组（3块）试件（试块为边长 150 mm 的立方体），标准养护 28 天，测其立方体抗压强度。

（2）为检验 CFG 桩施工工艺、机械性能及质量控制，核对地质资料，在工程桩施工前，应先做不少于 3 根试验桩，并在竖向全长钻取芯样，检查桩身混合料密实度、强度和桩身垂直度等，根据发现的问题，修订施工工艺，并为设计提供设计参数。

（3）由于桩顶卸料落差小，混合料自重压力就小，加之桩顶浮浆等因素，通常桩顶的混合料密实度差、强度低，可对实际灌注桩顶以下 2～3 m 范围内采用混凝土振动器进行捣固，以提高密实度。

（4）在有地下水的土层中成桩时，为确保水下成桩质量，要求钻杆钻至设计标高后不提钻，先向空心钻杆内灌注 2～3 m 高的混合料，然后再提钻进行桩底混合料灌注。之后，边灌注边提钻，保持连续灌注、均匀提升，可基本做到钻头始终埋入混凝土内 1 m 左右。严禁采用先提钻后灌注混合料的做法。

（5）要做好成孔、灌注、提钻各道工序的密切配合，提钻速度应与混凝土泵输送量相匹配，严格掌握混合料的输入量大于提钻产生的空孔体积，使混合料面经常保持在钻头以上 1 m，以免在混合料中形成充水的孔洞和影响混合料的强度。

（6）当采用振动沉管在饱和软土中成桩时，桩机的振动力较小，在采用连打作业时，由于饱和软土的特性，新打桩将挤压已打桩，使桩体形成椭圆或不规则形态，产生严重的缩颈和断桩，此时，应采用隔桩跳打施工方案。而在饱和的松散粉土中施工时，由于松散粉土振密效果好，打桩施工完毕后，桩周土体密度会有显著增加，而且打的桩越多，土的密度越大。这样，在打新桩时，会加大沉管难度，并容易造成已打桩断桩，此时，不宜采用隔桩跳打。采用螺旋钻机引孔的方法，可以避免新打桩的振动造成已打桩的断桩。

（7）采用长螺旋钻成孔、管内泵压混合料成桩，当钻至设计深度后，应准确掌握提拔钻杆时间和拔管速率。拔管速度太快可能导致桩径偏小或缩颈断桩，而拔管速度过慢又会造成水泥浆分布不匀、桩顶浮浆过多并形成混合料离析，导致桩身强度不足。

拔管速度与混合料泵送量要匹配，遇到饱和砂土或饱和粉土层，不得停泵待料，沉管灌注成桩施工的拔管速度应均匀，拔管速度应控制在 1.2～1.5 m/min，如遇淤泥或淤泥质土，拔管速度应适当放慢。

（8）控制好混合料的砟落度。大量工程实践表明，混合料坍落度过大，会形成桩顶浮浆过厚，桩体强度也会降低。因此，需严格控制坍落度，坍落度不宜过大，在保证和易性良好的情况下，应控制桩顶浮浆在 10 cm 左右。

（9）设置保护桩顶。在加料制桩时，使桩体灌注比设计桩长高出 0.5 m，并用插入式振动器对桩顶混合料加振 3～5 s，提高桩顶混合料密实度。上部用土封顶，增大混合料表面的高度即增加了自重压力，可提高混合料抵抗周围土挤压的能力，避免已打桩受震动挤压而变形，同时避免混合料上涌使桩径缩小。

（10）拔管过程避免反插。采用振动沉管施工，在拔管过程中若出现反插，由于桩管垂直度的偏差，容易使土与桩体材料混合，导致桩身掺土影响桩身质量，因此应避免反插。

（11）当用机械对桩顶保护土层及钻孔弃土进行挖除时，应避免超挖，并应预留不少于50 cm厚度的土层用人工来清除，以免造成桩头断裂或扰动桩间土。

（12）冬期施工时应采取有效保暖措施，避免混合料在初凝前遭到冻结，保证混合料的入孔温度大于5℃。如果实施材料加热，则根据材料加热的难易程度，一般先加热拌和水，后加石和砂。有条件时，水泥和粉煤灰可存放在加温的仓库内。清除完保护土层和桩头后，要立即对桩间土及桩头用草帘、保温塑料等保温材料进行覆盖，防止因桩间土冻胀而造成桩体拉断。

（13）褥垫层宜采用静力压实法，避免扰动桩间土。当基础底面下桩间土的含水量较小时，也可采用动力压实法。对于较干的砂石料，虚铺后可先适当洒水再进行碾压或夯实。

第五节　水泥粉煤灰碎石桩复合路基的质量检验

水泥粉煤灰碎石桩复合路基的质量检验应符合下列规定。

（1）施工质量检验应检查施工记录、混合料坍落度、桩数、桩位偏差、褥垫层厚度、夯填度和桩体试坑抗压强度等。

（2）竣工验收时，水泥粉煤灰碎石桩复合路基承载力检验应采用复合路基静载荷试验和单桩静载荷试验。

（3）承载力检验宜在施工结束28天后进行，其桩身强度应满足试验荷载条件，复合路基静载荷试验和单桩静载荷试验的数量不应少于总桩数的1%，且每个单体工程的复合路基静载荷试验的试验数量不应少于3点。

（4）采用低应变动力试验检测桩身的完整性，检查数量不低于总桩数的10%。

第六节　工程应用案例

一、工程概况

东营港某集装箱码头项目，位于东营港经济技术开发区，场地为近海的吹填区域。新建堆场区道路为环状布置，南北向设3条25 m宽纵向通道，平行于码头设2条

15 m宽横向通道，总长度约1 000 m，采用沥青混凝土结构。路基承载力特征值要求达到100 kPa。

工程地质情况：根据地勘报告显示，场地为新近吹填土，经过简单的预处理，主要土层为①₁冲填土（淤泥质土），7.5 m厚，高压缩、流塑状，承载力约50 kPa；①₂冲填土（粉质黏土），1.0 m厚，软塑；①₃冲填土（粉土），1.5 m厚，稍密；①层粉土，8.2～11.2 m厚，中密－密实状。具体描述详见表6-1。

表6-1　工程地质情况一览表

土层名称	土层性状描述	极限侧阻力标准值（kPa）	极限端阻力标准值（kPa）	承载力特征值（kPa）
①₁冲填土（淤泥质土）	灰色，软流塑状，夹粉土团与粉土薄层，土质不均，分布较连续，平均标贯击数=1.3击	16	/	50
①₂冲填土（粉质黏土）	灰色，软流塑状，夹粉土团与粉土薄层，土质不均，分布较连续，平均标贯击数=2.5击	20	/	70
①₃冲填土（粉土）	灰褐色，稍密状，含砂粒，夹黏性土薄层，土质不均，分布较连续，平均标贯击数=4.3击	20	/	70
①层粉土	灰黄色，中密－密实状，夹黏性土团及黏性土薄层，土质不均，分布较连续，层厚8.2～11.2 m，平均标贯击数=20.2击	42	600	140

二、路基设计方案

采用CFG复合路基，桩径为500 mm，正方形布置，桩间距2.0 m，桩长12 m，单桩承载力不低于280 kN，复合路基承载力不低于100 kPa。根据地质情况，施工工艺建议采用振动沉管桩，水泥采用强度等级为P42.5级及以上的普通硅酸盐水泥，桩身混凝土等级不低于C20。桩顶设置30 cm厚级配碎石垫层，最大粒径30 mm，夯填度（夯实后的厚度与虚铺厚度比值）不应大于0.9。具体情况详见图6-5。

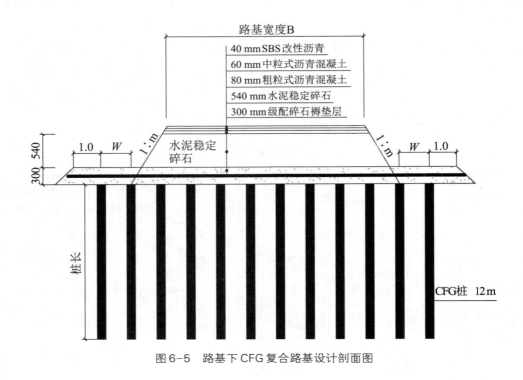

图6-5　路基下CFG复合路基设计剖面图

三、检测要求

检测时采用复合路基静载试验和单桩静载试验及低应变反射波法相结合的方法。复合路基静载试验和单桩静载试验的数量不应少于总桩数的1%，且不应少于3点。低应变动力试验检测桩身完整性，检查数量不低于总桩数的10%。

四、现场施工情况介绍

该项目施工采用振动沉管灌注方式，进场设备5台，施工工期45天，施工时为降低振动沉管的挤土效应，采取跳一打一方式。主要施工工艺有以下几个方面。

（1）场地整平处理。鉴于场地表层土体较弱，承载力不能满足施工作业要求，先进行了碾压预处理，并铺设1.0 m厚粗砂作为施工作业面，如图6-6所示。

图 6-6　CFG 桩施工前场地预处理

（2）施工放样。在桩位用直径 8 mm 的钢钎竖直打入 20 cm 深孔，在孔内灌注石灰水或石灰粉，并在孔内插入标记物，可用一次性木、竹筷，便于桩位被埋没后进行查找。

（3）振动沉管打桩机就位，活瓣桩尖对准桩位，桩管放在桩尖上，放松卷扬机钢丝绳，通过桩管自重的压力使桩尖进入土中 300～500 mm 后将卷扬机钢丝绳收紧。

（4）调整好桩架位置，应设专人用水准仪校正桩管垂直度，允许偏差为桩长的 ±0.5%。

（5）开启振动装置进行沉管，沉管速度不宜太快，控制在 2.5 m/min 以内，如遇土层较硬时，可通过卷扬机滑轮组对桩管加压，使其顺利通过硬土层。沉管期间严禁将桩管提起后再行沉管。

（6）桩管下沉到设计标高后停机，应用吊砣检查管内有无泥浆或渗水，同时确认孔深。

（7）浇注水泥碎石混合料，桩管内灌满后，先振动 5～10 s，再开始拔管，应边振边拔，在桩底标高 1.5 m 范围内进行反插数次，反插深度 0.3～0.5 m，每拔 0.5～1.0 m，停拔 5～10 s，保持振动，如此反复，直至桩管全部拔出。拔管速度宜为 1.0～1.2 m/min。

（8）该桩完成后移机施工下一桩。

五、复合路基承载力及桩身完整性检测情况

由第三方专业检测单位按规范要求对该项目复合路基承载力及桩身完整性进行了现场检测，检测结论及相关数据如下：该工程进行了 50 棵工程桩的单桩及 50 棵复合路基载荷试验，确定单桩竖向承载力特征值为 290 kN，复合路基承载力特征值为 105 kPa，满足设计要求。现场完成后的场地状况及检测实施情况如图 6-7 所示。选取其中 120# 桩进行单桩竖向静载试验及对应的复合路基静载试验，数据详见表 6-2 和

表6-3,对应的试验曲线详见图6-8和图6-9。

图6-7　施工完成后的检测

表6-2　单桩竖向静载试验汇总表

桩径500 mm		桩长12.0 m		试桩编号120#	
级数	荷载（kN）	本级历时（min）（mm）	累计历时（min）	本级位移（mm）	累计位移（mm）
1	116	120	240	1.10	1.10
2	174	120	360	0.85	1.95
3	232	150	510	1.05	3.00
4	290	150	660	1.26	4.26
5	348	120	780	1.50	5.76
6	406	120	900	1.85	7.61
7	464	150	1 050	2.25	9.86
8	522	120	1 170	2.95	12.81
9	580	60	1 230	4.05	16.86
10	464	60	1 290	−0.60	16.26
11	348	60	1 350	−1.25	15.01
12	232	60	1 410	−1.95	13.06
13	116	60	1 470	−2.59	10.47
14	0	180	1 650	−3.25	7.22
最大沉降量16.86 mm，最大回弹量9.64 mm，回弹率57.2%					

表6-3　单桩复合路基竖向静载试验汇总表

试桩编号120#		面积置换率0.049		压板面积4.0 m²	
序号	荷载（kPa）	历时（min）		沉降（mm）	
		本级	累计	本级	累计
0	0	0	0	0.00	0.00
1	27	120	120	0.62	0.62
2	52	120	240	1.42	2.04
3	79	120	360	1.48	3.52
4	105	150	510	1.92	5.44
5	132	150	660	2.23	7.67
6	158	150	810	2.64	10.31
7	184	180	990	3.28	13.59
8	210	180	1 170	4.36	17.95
9	158	60	1 230	−0.82	17.13
10	105	60	1 290	−1.56	15.57
11	52	60	1 350	−2.67	12.90
12	0	180	1 530	−3.96	8.94
最大沉降量17.95 mm		最大回弹量9.01 mm		回弹率50.2%	

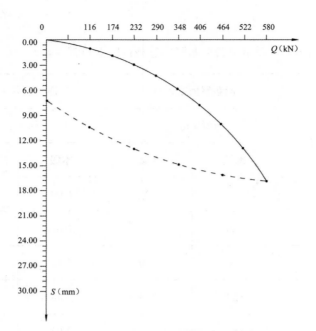

图6-8　单桩竖向静载试验Q-S曲线

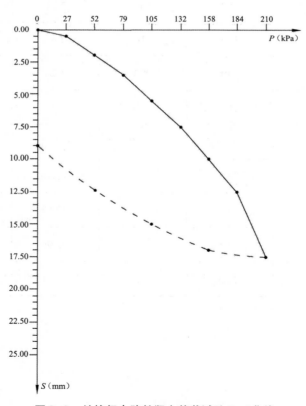

图6-9　单桩复合路基竖向静载试验P-S曲线

六、施工经验总结

（1）由于场地地质较软，施工前应进行地表硬化，该项目采取的机械碾压方式、局部铺设粗砂层，在保证成桩垂直度方面起到了非常重要的作用。

（2）施工中应密切关注挤土效应情况，调整跳打的间距，避免挤土效应造成邻桩在未形成强度前桩体受损。

（3）注意检查泵管密封情况，防止漏水。

（4）成孔与泵送应紧密配合，避免桩身灌注时发生停顿。

（5）已成桩区域禁止重型机械行走和扰动，防止损坏桩头造成桩顶砼不成型。

（6）挖除桩间土时需用人工或小型机械完成，严禁使用大型机械直接挖除，剔除桩头用人工完成，严禁出现斜面裂缝。

第七章

《《《 粒料桩路基

第一节 概 述

粒料桩是为了提高路基承载力，在需进行路基处理的范围内，由碎石、砂砾等松散粒料做桩料，采用专用机械设置成较大直径的桩体，对路基土起置换作用。

粒料桩可采用振冲置换法或振动沉管法成桩。振冲置换法适用于处理十字板抗剪强度不小于 15 kPa 的软土路基，振动沉管法适用于处理十字板抗剪强度不小于 20 kPa 的软土路基。黄河三角洲地区振冲置换法成桩较多，振动沉管法成桩使用较少，本章重点对振冲置换法粒料桩进行介绍。

利用振冲器边振边冲在软弱黏性土路基中成孔，再在孔内分批填入碎石等坚硬材料制成一根根桩体，桩体和原来的黏性土构成所谓的复合路基。比起原路基，复合路基的承载力高、压缩性小，这种加固技术叫做振冲置换法或碎石桩法。

20 世纪 50 年代末、60 年代初，德国和英国相继把原先只适用于挤密砂体的振冲技术用来处理黏性土路基。例如，1959 年德国 Johann Keller 路基公司在 Nuremberg 的一项路基工程中用振冲器在黏性土中造 2 m 深的孔，填入块石，再用振冲器使块石密实，经这样的处理后，路基承载力有很大提高。1960 年，英国 Cementation 路基工程公司在尼日利亚首都拉各斯建造一幢六层房屋。在开挖基槽时意外地发现路基中有一层厚 2 m 的有机粉土，强度很低，最后采用振冲造孔、回填碎石的办法处理，效果很好。后来，这两家公司有意识地把这一办法用于加固软弱黏土路基，逐渐演变出一种新的加固方法——振冲置换法。

我国应用振冲置换法始于 1977 年，首次应用的工程是南京船舶修造厂船体车间软土路基加固。振冲置换法适用于黏性土、粉土、饱和黄土、人工填土等路基的处理，有时还可用来处理粉煤灰。当然，在砂土中也能制造碎石桩，但此时挤密作用的重要性远大于置换作用。

在制桩过程中，填料在振冲器的水平向振动力作用下挤向孔壁的软土中，从而使桩体直径扩大。当这一挤入力与土的约束力平衡时，桩径不再扩大。显然，原土强度越低，也就是抵抗填料挤入的约束力越小，造成的桩体越粗。如果原土的强度过于低弱（例如刚吹填的软土），以致土的约束力始终不能平衡使填料挤入孔壁的力，那就始终不能形成桩体，这样此法就不再适用。至于土的强度要有多少才能成桩，各家说法不一。1979 年 2 月，在南京召开的振冲法加固技术鉴定会上提出，用振冲置换法加固软基时要求路基土的不排水抗剪强度大于19.6 kPa（2 t/m^2）。近年来，在珠江三角洲地区十字板抗剪强度小于 10 kPa 软土中制作大粒径填料（粒径达 200 mm）的桩体取得了良好的效果。

碎石桩复合路基的主要用途是提高路基的承载力，减少路基的沉降量和差异沉降量，碎石桩还可用来提高土坡的抗滑稳定性或者提高土体的抗剪强度。

第二节　作用机理

按照一定间距和分布打设了许多桩体的土层叫做复合土层，由复合土层组成的路基叫复合路基。如果软弱层不太厚，桩体可以贯穿整个软弱土层，直达相对硬层；如果软弱土层比较厚，桩体也可以不贯穿整个软弱土层，这样，软弱土层只有部分厚度转变为复合土层，其余部分仍处于天然状态。对于桩体打到相对硬层，即复合土层与相对硬层接触的情况，复合土层中的桩体在荷载作用下主要起到应力集中的作用。由于桩体的压缩模量远比软弱土大，故而通过基础传给复合路基的外加压力随着桩、土的等量变形会逐渐集中到桩上，从而使软土负担的压力相应减少。与原路基相比，复合路基的承载力有所增高，压缩性也有所减少，这就是应力集中作用。对于桩体不打到相对硬层，即复合土层与相对硬层不接触的情况，复合土层主要起垫层的作用，垫层能将荷载引起的应力向周围横向扩散，使应力分布趋于均匀，从而提高路基整体的承载力，减少沉降量，这就是垫层的应力扩散和均布的作用。

复合土层之所以能改善原路基土的力学性质，主要是因为在路基上打设了众多密实桩体。那么桩与桩之间的土的性质在制桩前后有无变化呢？过去我们担心在软黏土中用振冲法制造的桩体会使原土的强度降低。诚然，在制桩过程中由于振动、挤压、扰动等原因，路基土中会出现较大的附加孔隙水压力，从而使原土的强度降低。但在复合路基完成之后，一方面随着时间的推移原路基的结构强度有一定程度的恢复，另一方面孔隙水压力向桩体转移消散，最终使桩间土的有效应力增大，强度提高。试验表明，制桩后短时间内原土的天然强度的确有所削弱，降低 10%～30%，但经过一段时间的休置，不仅强度会恢复到原来值，而且还略有增加。

桩体在一定程度上也有像砂井那样的排水作用。复合路基中的桩体有应力集中和砂井排水两重作用，复合土层还能起到垫层的作用。

振冲置换桩有时也用来提高土坡的抗滑能力。这时桩体的作用像一般阻滑桩那样，能够提高土体的抗剪强度，迫使滑动面远离坡面、向深处转移。

作用于桩顶的荷载如果足够大，桩体便会发生破坏。可能出现的桩体破坏形式有三种：鼓出破坏、刺入破坏和剪切破坏（图 7-1）。只要桩长大于临界长度（约为桩直径的 4 倍），就不会发生刺入破坏。除了那些不打到相对硬层而长度又很短的桩体外，一般不考虑刺入破坏形式。关于剪切破坏形式，只要基础底面不太小或者桩周围的土面有足够大的边载，便不会发生这种形式的破坏。因此，桩体绝大多数发生的是鼓出破坏。一方面，由于组成桩体的材料是无黏性的，桩体本身强度随深度而增大，故而随深度增大产生塑性鼓出的可能性变小；另一方面，由于桩间土抵抗桩体鼓出的阻力亦随深度而增大，可以看出最易产生鼓出破坏的部位在桩的上端。Hughes 和 Withers（1974）指出，深度为两个桩径范围内的径向位移较大，深度超过二至三个桩径，径向位移几乎可以忽略不计（图 7-2）。所以，现有的设计理论都以鼓出破坏形式为基础。

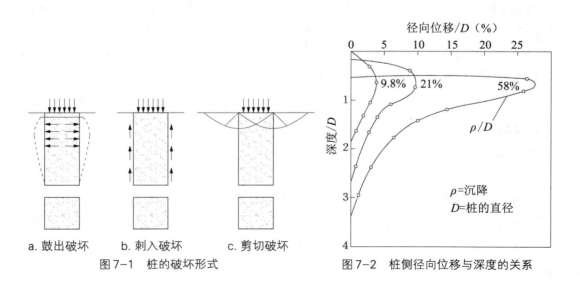

a. 鼓出破坏　　b. 刺入破坏　　c. 剪切破坏

图 7-1　桩的破坏形式

图 7-2　桩侧径向位移与深度的关系

第三节 设计计算

一、一般原则

振冲置换加固设计目前还处在半理论、半经验的状态，如复合路基容许承载力计算方法、最终沉降量计算方法等都还不够成熟，某些设计参数也只能凭经验选定。因此，对重要工程或复杂的土质情况，必须在现场制桩试验。根据现场试验取得的资料修改设计、制订施工方案。

（一）加固范围

加固范围依基础形式而定，可参见表7-1。

表7-1 振冲置换加固范围

基础形式	加固范围
单柱	不超出基底面积
条形	不超出或适当超出基底面积
板式、十字交叉、浮筏、柔性基础	建筑物平面外轮廓线范围内满堂加固，轮廓线外加2～3排保护桩

（二）桩位布置和间距

桩位布置有两种：等边三角形布置和正方形或矩形布置（图7-3）。前者主要用于大面积满堂加固，后者主要用于单独基础、条形基础等小面积加固。

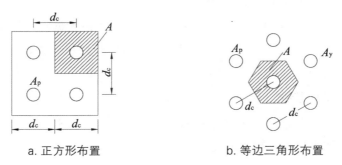

a. 正方形布置　　b. 等边三角形布置

图7-3 桩位布置

桩中心间距的确定应考虑荷载大小、原土的抗剪强度。荷载大，原土强度低，桩间距应小，特别是在深厚软基中打不到相对硬层的短桩，桩的间距应更小。采用 30 kW 振冲器间距宜为 1.3～2.0 m，55 kW 振冲器间距宜为 1.4～2.5 m，75 kW 振冲器间距宜为 1.5～3.0 m。

（三）桩长

通常的做法是在桩体全部制成后，将桩体顶部 1 m 左右一段挖去，铺 30～50 cm 厚的碎石垫层，然后在上面做基础。挖除桩顶部分长度的理由是该处覆土压力小，很难做出符合密实要求的桩体，在设计基础底部高程时应考虑这一情况。

桩长指桩在垫层底面以下的实有长度。如果相对硬层的埋藏深度不大，如小于 10 m，宜将桩伸至相对硬层。如果软弱土层厚度很大，只能做贯穿部分软弱土层的桩。在此情况下，桩长的确定取决于设计建筑物所容许的沉降量；桩愈短，留下未加固的软弱土层的厚度愈大，当然，路基因加固而减少的沉降量就愈少。一般的桩长不宜短于 4 m，但当桩长大于 7 m 时，制桩工效将显著降低。据统计，对一根 9 m 长的碎石桩来说，制造 7～9 m 这段桩体所需的时间约占总制桩时间的 39%。

（四）桩体材料

桩体材料可以就地取材，碎石、卵石、含石砾砂、矿渣等材料都能利用。桩体材料容许的最大粒径与振冲器的外径和功率有关，一般不大于 8 cm。对碎石来说，常用的粒径为 2～8 cm，但在强度很低的软土中采用大粒径（最大粒径超过 200 mm）填料效果更好。填料应有适当级配，含泥量不宜太大。

桩的直径与路基土的强度有关，强度愈低，桩的直径愈大。对一般软黏土路基，采用 30 kW 振冲器制桩，每米桩长需 0.6～0.8 m³ 碎石。

（五）振动影响

用振冲法加固路基时，由振冲器在土中振动产生的振动波向四周传布，对周围的建筑物，特别是不太牢固的陈旧建筑物可能造成某些伤害。因此，在设计中应该考虑施工的安全距离或者事先采取适当的防振措施。

根据试验结果，离振冲器中心的距离超过 1 m 后，最大振动速度小于 1 cm/s。实践表明，新建厂房路基加固点距离老厂房外墙的最短距离只有 2.4 m，老厂房及其厂房内正在运行的机组在加固施工中均未出现任何不良影响。国外也有类似经验，附近建筑物较坚实，条形基础，黏性土路基，距离建筑物 1 m 处进行振冲施工，建筑物安全无恙，当然在建筑物内的人有较强的震感。由此可见，距振冲孔中心 2～3 m 以外时，振动对周围建筑物的影响十分轻微。

（六）现场制桩试验

成功的设计有赖于事先的详尽勘探。不仅如此，由于土层的变异性很大，加上施工质量方面不可避免的差异性，要在设计中预估这些因素的各个方面目前来说还有困难。因此，对于重要的大型工程，宜在现场进行制桩试验和必要的测试工作，收集设计和施工所需的各项参数值，以便改进设计，制订出比较符合实际的加固施工方案。

很多工程不愿做现场制桩试验，殊不知制桩试验不一定会拖长工期，有时通过试验摸清情况，会使设计更加可靠合理，对正式施工时可能会遇到的各种困难能做到心中有数，从而使加固工作得以顺利开展，使总的施工工期不仅不会拉长，还可能缩短。而且，还能通过试验改进设计，由此产生的经济效益往往远大于进行试验所花的费用。

二、计算用的基本参数

（一）不排水抗剪强度

不排水抗剪强度 c_u 这个指标不仅可用来判断本加固方法是否适用，还可用来初步选定桩的间距，预估施工的难易程度以及加固后可能达到的承载力。有条件时，宜用十字板剪切试验测定不排水抗剪强度，其值用 S_v 表示。

（二）原土的沉降模量

对重要工程，有可能通过载荷试验确定路基上的变形模量。根据弹性理论，位于各向同性半无限均质弹性体面上的钢圆板在荷重作用下的沉降量为：

$$S=\frac{P(1-\mu^2)}{dE} \tag{7-1}$$

式中，S——圆板的沉降；

　　　P——作用于圆板上的总荷重；

　　　d——圆板直径；

　　　E——弹性模量；

　　　μ——泊松比。

一般载荷试验常用方形承压板。对于方板来说，还需引入一个形状系数 λ_B，于是上式变为：

$$S=\frac{P(1-\mu^2)}{\lambda_B bE} \tag{7-2}$$

上式中 b 此时指方板宽度。用 $P=pb^2$（p 为单位面积荷重）代入上式，经整理后得：

$$\frac{\lambda_B E}{(1-\mu^2)}=\frac{p}{\dfrac{S}{b}} \tag{7-3}$$

将等号左侧比值定义为沉降模量，用 E' 表示，桩或原土的沉降模量分别用 E'_p、E'_s 表示；比值 S/b 为沉降比，用 ρ_R 表示。于是：

$$E = \frac{p}{\rho_R} \qquad\qquad (7-4)$$

将载荷试验资料整理成 $p-\rho_R$ 曲线，从中确定 E' 值。由于土不是真正的弹性材料，因此沉降模量不是一个常量，它与应力或应变水平有关。

若没有路基土的载荷试验资料，对大面积加固情况，也可用室内常规压缩试验测定。

（三）桩的直径

桩的直径与土类及其强度、桩材粒径、振冲器类型、施工质量关系密切。如果是不均质路基土层，在强度较弱的土层中桩体直径较大；反之，在强度较高的土层中桩体直径必然较小。不言而喻，振冲器的振动力愈大，桩体直径愈粗。如果施工质量控制不好，很容易制成上粗下细的"胡萝卜"形。因此，桩体远不是想象中那样的圆柱体。所谓桩的直径是指按每根桩的用料量估算的平均理论直径，用 D 表示，一般 $D = 0.8 \sim 1.2$ m。Besancon 等人统计的桩体理论直径资料，如图 7-4 所示，该图可供初步设计选定桩体直径之用。

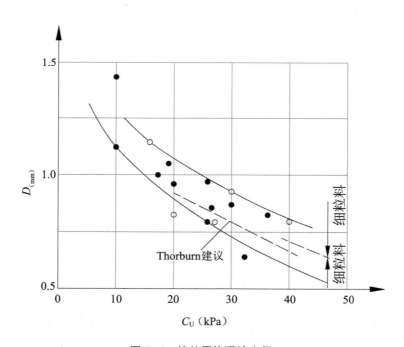

图 7-4　桩的平均理论直径

（四）桩材内摩擦角

用碎石做桩体，碎石的内摩擦角 φ_p 一般采用35°～45°，多数采用38°；但德国的一些著名施工单位也有采用高达42°的。笔者认为，对粒径较小（≤50 mm）的碎石并且原土为黏性土， φ_p 可采用38°；对粒径较大的碎石并且原土为粉性土， φ_p 可采用42°。对卵石或砂卵石来说， φ_p 可采用38°。

（五）面积置换率

面积置换率是桩的截面积 A_p 与其影响面积 A（图7-3）之比，用 m 表示。 m 是表征桩间距的一个指标， m 越大，桩的间距越小。习惯上把桩的影响面积化为与桩同轴的等效影响圆，其直径为 D_e 。 D_e 的计算如下：

对等边三角形布置 $D_e=1.05\,d$

对正方形布置 $D_e=1.13\,d$

对矩形布置 $D_e=1.13\sqrt{d_1 d_2}$

以上 d、 d_1、 d_2 分别为桩的间距、纵向间距和横向间距。已知 D_e 后，面积置换率为：

$$m=\frac{D^2}{D_e^2} \tag{7-5}$$

一般 $m=0.25\sim0.4$ ，假定 $D=1.0$ m，对等边三角形布置，上述 m 值相当于桩的间距1.5～1.9 m。

（六）桩土应力比

由于应力集中作用，在基础荷载作用下，桩上承受的应力 σ_p 大于桩周围土上承受的应力 σ_s ，比值 σ_p/σ_s 称为桩土应力比，用 n 表示。 n 值与桩体材料、路基土性、桩位布置和间距、施工质量等因素有关。桩土应力比不是一个常量，它与应力或应变水平有关。由国内外一些工程的桩土应力比实测值可知桩土应力比最大为6，最小只有1.44，多数为2～5。

有相关专家给出光滑刚性基础下满堂加固碎石桩路基桩土应力比。定义桩侧压力比 K 为桩土接触面上桩体垂直应力与径向应力之比，则：

$$K=\frac{1+\mu_p+2(B_p-1)\,\mu_p^2}{\mu_p B_p} \tag{7-6}$$

记 $\alpha=45°+\varphi_p/2$ ，这里 φ_p 为桩体的内摩擦角。根据 K 的大小可知，刚性基础下满堂加固碎石桩复合路基存在两种不同的破坏方式。

1. 破坏A

这时 $K<\tan^2\alpha$ ，在弹性状态下桩间土可以提供足够大的侧向约束，或者是桩体强度足够大，能使桩体维持弹性变形。路基承受的荷载达到极限时，桩间土先进入极限状态。弹性解适用于破坏A。

2. 破坏 B

这时 $K \geqslant \tan^2 \alpha$，桩间土在弹性变形时所产生的径向应力太小，不足以使桩体维持在弹性变形状态，荷载作用过程中桩体始终处于极限平衡状态。荷载较小时桩间土弹性变形，荷载较大时桩间土进入极限状态，路基承载力也就达到极限。假定桩体是理想弹塑性体，可用于破坏 B。

两种破坏形式下的桩土应力比 n 分别为：

破坏 A：

$$n = \frac{1+\mu_s}{1+\mu_p} \cdot \frac{1-\mu_p+2(B_p-1)\mu_p^2}{1+\mu_p+2(B_s-1)\mu_s^2} f \tag{7-7}$$

破坏 B：

$$n = N \cdot \tan^2 \alpha \tag{7-8}$$

$$N = \frac{1+m-2\mu_s}{2(1-m-\mu_s+2m\mu_s)+M\left(1+m-2\mu_s-\dfrac{2m\mu_s^2}{1-\mu_p}\right)} \tag{7-9}$$

上列式中：

$$B_s = 1 + \frac{F_1 m}{F_2} \tag{7-10}$$

$$B_p = 1 - \frac{F_1(1-m)\mu_s}{F_2 \mu_p} \tag{7-11}$$

$$f = 1 + \frac{E'_p}{E'_s} \tag{7-12}$$

$$F_1 = \frac{\mu_p(1-\mu_s)f}{\mu_s(1-\mu_p)} - 1 \tag{7-13}$$

$$F_2 = \frac{(1-\mu_s)(1-m)f}{1-\mu_p} + 1 + m - 2\mu_s \tag{7-14}$$

$$M = \frac{1-\mu_p}{1+\mu_p} \cdot \frac{2+\tan^2\alpha}{f} \tag{7-15}$$

以上各式中，μ_p、μ_s、E'_p、E'_s 分别为桩、桩间土的泊松比及其变形模量。

从桩土应力比的表达式来看，破坏 B 时不仅与桩和桩间土的变形参数有关，而且还和桩的内摩擦角有关；破坏 A 时，n 与桩的内摩擦角无关，这点正表明了两种破坏形式的本质区别。n 值随着 f 的增大而增大，其增长速率随 f 增大而减小，最后趋于一个由桩体强度控的极限值。令 $f \to \infty$ 可得：

$$N_{\max} = \frac{1+m-2m\mu_s}{2\left(1-m-\mu_s+2m\mu_s\right)} \tag{7-16}$$

即有 $n_{\max}=N_{\max}\tan^2\alpha$。当 $m\leqslant0.35$ 时，一般不会超过 $\tan^2\alpha$。图 7-5 是桩土应力比 n 与桩土压缩模量比 f 的关系曲线。从中可以看出公式（7-8）求得的桩上应力比与已积累的实测值范围重合。

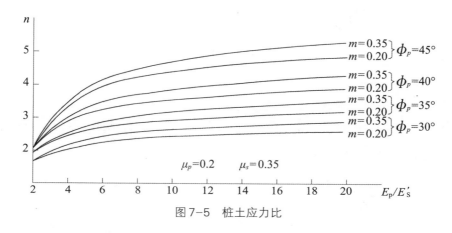

图 7-5　桩土应力比

三、承载力计算

（一）单桩

1. Hughes-Withers 计算式

Hughes 和 Withers（1974）建议按下式计算单桩的极限承载力 q_{fp}。

$$q_{fp}=\left(p_0'+\mu_0+4C_u\right)\tan^2\left(45°+\frac{\varphi_p}{2}\right) \tag{7-17}$$

式中，p_0'、u_0 分别为原土的起始有效压力和孔隙水压力。从观测数据中得到信息认为 $p_0'+u_0=2Cu$，于是：

$$q_{fp}=\left(6C_u\right)\tan^2\left(45°+\frac{\varphi_p}{2}\right) \tag{7-18}$$

令 $\varphi_p=38°$，则上式可简化为：

$$q_{fp}=25.2C_u \tag{7-19}$$

上式就是 Thorburn 建议的经验式。求桩的容许承载力时，安全系数用3。

2. Brauns 计算式

$$q_{fp}=20.8C_u \tag{7-20}$$

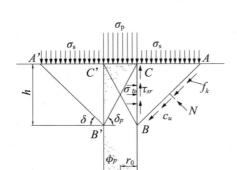
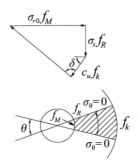

图 7-6　Brauns 的计算图式

（二）复合路基

1. 基于 Brauns 理论的改进计算式

盛崇文（1980）曾将 Brauns 理论推广到复合路基以及各种群桩情况。对满堂碎石桩情况，他推导得到桩的极限垂直应力 $[\sigma_{p1}]_{\max}$。

$$\frac{[\sigma_{p1}]_{\max}}{C_u}=\frac{(\lambda+1)}{2}\left(\frac{\sigma_s}{C_u}+\frac{\lambda-1}{2\tan\delta_p}+\frac{2\tan\delta_p}{\lambda-1}\right)\tan^2\delta_p=\xi_1 \qquad (7-21)$$

式中，$\gamma=\left(\dfrac{1}{m}\right)^{1/2}$。根据力的平衡原理，满堂加固情况复合路基的极限承载力为

$$q_f=m[\sigma_{p1}]_{\max}+(1+m)\sigma_s \qquad (7-22)$$

$$\frac{q_f}{C_u}=m\xi_1+(1-m)\frac{\sigma_s}{C_u} \qquad (7-23)$$

上式中可取 $\sigma_s=(2\sim3)c_u$，具体取用值视建筑物的容许变形而定，容许变形小，取低值，否则取高值。

对各种群桩布置情况，可作如下处理。

$$\frac{q_{fp}}{C_u}=\frac{2\tan^2\delta_p}{\sin^2\delta}\left(\frac{\tan\delta_p}{\tan\delta}+1\right)=\xi_0 \qquad (7-24)$$

ξ_0 代表单桩情况，即桩的四周没有其他碎石桩；ξ_1 代表满堂碎石桩情况，即每根桩的四周都有其他的碎石桩。ξ_0、ξ_1 都是极端情况。对于图 7-7 所示的三种情况，可按下法计算相应的值。

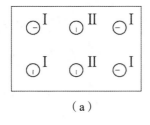

（a）

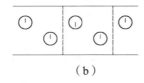

（b）

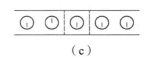

（c）

图 7-7　各种群桩布置

情况 a 条形基础下有六根桩，每根桩有东南西北 4 个边界，共有 24 个边界，4 个角上的 Ⅰ 号桩，各有两边对应 ξ_0 的条件，另外两边对应 ξ_1 的条件。Ⅱ 号桩，各有一边对应 ξ_0 的条件，另外三边对应 ξ_1 的条件。这样按比例可得：

$$\xi = \left(\frac{10}{24}\right)\xi_0 + \left(\frac{14}{24}\right)\xi_1 \tag{7-25}$$

情况 b 条形基础下三角形布置两排桩。虚线划分的代表性单元中有两根桩，共有 8 个边界，其中两个边对应 ξ_0 的条件，另外六个边对应 ξ_1 的条件，故按比例可得：

$$\xi = \left(\frac{2}{8}\right)\xi_0 + \left(\frac{6}{8}\right)\xi_1 \tag{7-26}$$

情况 C 条形基础下有一排桩。虚线划分的代表性单元中只有一根桩，共有 4 个边一个界。其中两个边对应 ξ_0 的条件，另外两个边对应 ξ_1 的条件，故按比例可得：

$$\xi = \left(\frac{2}{4}\right)\xi_0 + \left(\frac{2}{4}\right)\xi_1 \tag{7-27}$$

其他各种情况按同一原则处理。已知 ξ 后，用它代替式（7-23）中的 ξ_1，即可计算复合路基的极限承载力 q_f。

求复合路基的容许承载力时，安全系数用 2～3。

2. 南京水利科学研究院经验式

南京水利科学研究院根据多年的实践，于 1983 年总结出估算复合路基容许承载力 R_{sp} 的经验公式如下：

$$R_{sp} = [1 + m(n-1)]R_s \tag{7-28}$$

$$R_{sp} = [1 + m(n-1)](3S_v) \tag{7-29}$$

式中，R_s 为原路基土的容许承载力，S_v 为原路基土的十字板抗剪强度。R_s 或 S_v 指主要加固上层的平均值。桩上应力比 n 可用 3～5，具体取用值视建筑物的容许变形而定，容许变形小，取低值，否则取高值。

四、沉降计算

（一）Priebe 方法

Priebe（1976）提出一个计算复合路基在垂直荷载作用下产生的最终沉降量的方法，他假设：① 路基土为各向同性；② 刚性基础；③ 桩体长度已达有支承能力的硬土层。在这些假设下，Priebe 根据半无限弹性体中圆柱孔横向变形理论推导得出一个沉降折减系数的表达式如下：

$$\frac{1}{\beta} = 1 + m\left[\frac{1/2 + f(\mu, m)}{\tan^2\left(45° - \dfrac{\varphi_p}{2}\right)f(\mu, m)} - 1\right] \tag{7-30}$$

$$f(\mu, m) = \frac{1-\mu^2}{1-\mu-2\mu^2} \times \frac{(1-2\mu)(1+m)}{1-2\mu+m} \qquad (7-31)$$

式中，μ 为路基土的泊松比，其余符号意义同前。所谓沉降折减系数是指路基用振冲置换桩加固情况下的最终沉降量与不加固情况下的最终沉降量之比。于是，复合路基的最终沉降 S_{sp} 为：

$$S_{sp} = \beta S_s \qquad (7-32)$$

式中，S_{sp} 为不加固情况下的路基最终沉降量。

Priebe 还推导得出桩土应力比 n 为：

$$n = \frac{1/2 + f(\mu, m)}{\tan^2\left(45° - \dfrac{\varphi_p}{2}\right) f(\mu, m)} \qquad (7-33)$$

$$\beta = \frac{1}{1 + m(n-1)} \qquad (7-34)$$

（二）沉降模量法

根据已有大型载荷试验资料的分析，用碎石加固的复合路基的沉降模量可按下式计算：

$$E'_{sp} = E'_p m + (1-m) E'_s \qquad (7-35)$$

式中，E'_p、E'_s 可分别按在现场进行的单桩和桩间土的作用压力和沉降比的关系线确定。对刚性基础，由于桩顶和桩间土顶面的沉降相等，故有 $E'_p = n E'_s$，将此式代入式（7-35）得

$$E'_{sp} = [1 + m(n-1)] E'_s \qquad (7-36)$$

因此，只要有路基土的沉降模量 E'_s，根据初步选定的面积置换率 m 和估计的桩土应力比 n，代入上式就可计算出复合路基的沉降模量。例如，在江苏省南通市天生港电厂场地上进行的两组压板尺寸为3 m×3 m，板下有4根直径为8 m砂桩和碎石桩的大型载荷试验表明，压力120～250 kPa、相应的沉降比 0.5%～1.0%时，E'_{sp} 分别为 133 00 kPa 和 159 00 kPa，通过载荷试验求得 $E'_s = 112 50$ kPa。根据 $m = 0.22$ 和实测得的对应于同一压力范围的 n 均值（分别为 2.0 和 2.2），按式（7-42）计算可得，E'_{sp} 为 137 00 kPa 和 142 00 kPa，可见与观测值相当接近。

已知复合路基的沉降模量后，可按常用的分层总和法计算路基的最终沉降量 $[S_{sp}]_\infty$，对没有打到相对硬层的情况：

$$[s_{sp}]_\infty \sum_{i=0}^{nL} \frac{p_0}{[E'_{sp}]_i} (Z_i C_i - Z_{i-1} C_{i-1}) + \sum_{i=nL+1}^{n} \frac{p_0}{[E'_s]_i} (Z_i C_i - Z_{i-1} C_{i-1}) \qquad (7-37)$$

式中，p_0——基础底面处的附加压力；

$[E'_{sp}]_i$——基础底面下第 i 层复合土的沉降模量；

$[E'_s]_i$——基础底面下第 i 层路基上的沉降模量；

Z_i、Z_{i-1}——分别为基础底面至第 i 层和第 $i-1$ 层的距离；

C_i、C_{i-1}——分别为基础底面计算点至第 i 层和第 $i-1$ 层层底范围内平均附加压力系数，可按《建筑路基基础设计规范》（GB 50007—2002）附录 K 采用；

n、n_i——路基压缩层范围内所划分的土层数，其中 $1\sim n_i$ 位于复合土层内，$(n_{i+1})\sim n_i$ 位于没有桩体的天然路基内。

上式等号右侧由两部分组成：第一部分代表没有桩体的复合土层的最终沉降量；第二部分代表没有桩体的天然土层的最终沉降量。

对桩体打到硬层，原土为均质土层的复合路基，最终沉降量为

$$[s_{sp}]_\infty = \frac{p_0}{E'_{sp}}\left[\sum_{i=0}^{n}(Z_iC_i-Z_{i-1}C_{i-1})\right] \tag{7-38}$$

路基在加固前的最终沉降量为：

$$[s_s]_\infty = \frac{p_0}{E'_s}\left[\sum_{i=0}^{n}(Z_iC_i-Z_{i-1}C_{i-1})\right] \tag{7-39}$$

于是沉降折减系数为：

$$\beta = \frac{[s_{sp}]_\infty}{[s_s]_\infty} = \frac{E'_s}{E'_{sp}} \tag{7-40}$$

将式（7—36）代入上式得：

$$\beta = \frac{1}{1+m(n-1)} \tag{7-41}$$

由此可见，Priebe 建议的方法只不过是本法的一种特殊情况。

在初步没计时，如果缺少天然路基的载荷试验数据，对于大面积加固情况，也可用从压缩试验测得的压缩模量 E_s，按下式估算 E'_s：

$$E = \frac{(1+2\mu)(1+\mu)}{(1-\mu)}E_s \tag{7-42}$$

$$E'_s = \frac{E}{1-\mu^2} = \frac{(1-2\mu)}{(1-\mu)^2}E_s \tag{7-43}$$

上式中的泊松比 μ，对于可塑、软塑黏性土，$\mu=0.30\sim0.35$；对于流塑黏性土，$\mu=0.40\sim0.45$。关于桩土应力比 n 可用 $3\sim5$，原土强度低取低值，否则取高值。

碎石桩或砂桩能加速路基土的沉降过程的工程实例比比皆是。这是因为桩体是

易透水的，与常用的砂井比较，桩体的直径较大而间距较小。因此，一般情况下可以不验算沉降速率。如果需要验算，可按砂井沉降过程计算理论进行。同时，根据相关专家用有限元法研究的结果，比值 E_p/E_s 对沉降速率影响甚微，在计算中不妨假定 $E_p=E_s$。

五、抗滑稳定计算

（一）Aboshi 等方法

振冲置换桩也可用来提高黏性土坡的抗滑稳定性。在这种情况下进行稳定分析需采用复合土层的抗剪强度 S_{sp}。复合土层抗剪强度由桩体和原土产生的两部分强度组成。Aboshi 等人（1979）提出按平面面积加权计算的方法：

$$S_{sp}=（1-m）C_u+mS_p\cos α \qquad （7-44）$$

式中 S_p 为桩体的抗剪强度；$α$ 为滑弧切线与水的夹角（图7-8）。

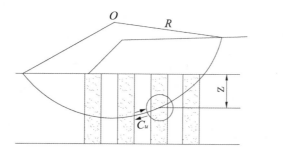

图7-8 用于提高土坡稳定的桩体

桩体抗剪强度 S_p 为：

$$S_p=p_z\tan φ_p\cos α \qquad （7-45）$$

式中，为作用于滑面的垂直应力，可按下计：

$$p_z=γ'_p z+μ_p σ_z \qquad （7-46）$$

$$μ_p=\frac{n}{1+（n-1）m} \qquad （7-47）$$

式中，$γ'_p$——桩体容重，水位以下用浮容重；

z——桩顶至滑弧上计 t 算点的垂直距离；

$σ_z$——桩顶平面上作用荷载引起的附加应力，可按一般弹性理论计算；

$μ_p$——应力集中系数。

上式中 $γ'_p z$ 为桩体自重引起的有效应力，$μ_p σ_z$ 为作用荷载引起的附加应力，已知 S_{Sp} 后，可用常规稳定分析方法计算抗滑安全系数。

（二）Priebc 方法

设原土的抗剪强度指标为C_s、φ_s，桩体的抗剪强度指标为$C_p=0$、φ_p。相关提出复合土层的抗剪强度指标C_{sp}、φ_{sp}可按下式计算：

$$C_{sp}=（1-\omega）C_s \qquad (7-48)$$

$$\tan \varphi_{sp}=\omega\tan \varphi_p+（1-\omega）C_s \qquad (7-49)$$

式中，ω为参数，与桩土应力比、面积置换率有关，它的计算如下：

$$\omega=m\frac{\sigma_p}{\sigma_z}=m\mu_p \qquad (7-50)$$

一般 $\omega=0.4\sim0.6$。同样，已知 C_{sp}、φ_{sp} 后，可用常规稳定分析方法计算抗滑安全系数或者根据要求的安全系数，反求需要的 ω 或 m 值。

第四节　施工工艺

一、施工机具

（一）机具

施工的主要机具是振冲器、吊机或施工专用平车和水泵。对于软土路基，振冲碎石桩施工一般使用低功率振冲器，即 30 kW 或 55 kW 振冲器。水泵的规格是出口水压 100～600 kPa，流量 20～30 m³/h。每台振冲器配一台水泵。如果工地有数台振冲器同时施工，也可用集中供水的办法。

其他施工设备有运料工具（手推车、装载机或皮带运输机）、泥浆泵、配电板等。

（二）机具数量

施工所需的专用平车台数随桩数、工期而定，有时还受到场地大小、交叉施工、电水供应、泥水处理等条件的限制，一般可按下式估算：

$$Y=\frac{\alpha N t_p}{T_c T_w} \qquad (7-51)$$

式中，Y——施工车台数；

N——桩数；

t_p——制一根桩所需的平均时间，对黏土路基、10 m桩长来说，$t_p=1\sim1.8$ h；

T_C——工期；

T_w——每台施工车每天的工作时间；

α——考虑移位、施工故障、检修等因素的系数，可取 $\alpha=1.1$。

施工车台数确定后，还得核算施工用电量和用水量有无超过最大供应量。如果超过，若不能增加供应量，就只有减少施工车台数、延长工作时间或者放宽工期。

二、填料

制作机体的填料宜就地取材，碎石、卵石、砂砾、矿渣等都可使用，但风化石块不宜采用。各类填料的含泥量均不得大于 10%。填料应有适当的颗粒级配。填料的最大粒径依所用振冲器功率而定，振冲器功率较大时可用大粒径填料。对于 30 kW 振冲器而言，料粒一般不大于 8 cm。粒径太大不仅容易卡孔，而且能使振冲器外壳强烈磨损。但在很软的土层中制作大粒碎石桩时，可根据需要选取填料粒径。

整个工程需要的总填料量为：

$$V=\mu N V_P L \qquad (7-52)$$

式中，L——桩长；

V_P——每米桩体所需的填料；

μ——富余系数，一般 $\mu=1.1\sim1.2$

V_P 与路基土的抗剪强度和振冲器的振力大小有关。对软黏土路基，采用 30 kW 振冲器制桩，$V_P=0.6\sim0.8~\mathrm{m}^3$，这里指的是虚方。

三、桩的定位

平整场地后，测量地面高程，加固区的高程宜为设计桩顶高程以上 1 m。如果这一高程低于地下水位，需配备降水设施或者适当提高地面高程。最后按照桩位设计图在现场用小木桩标出桩位，桩位偏差不得大于 3 cm。

四、振冲置换机的制作

（一）填料方式

在路基内成孔后，接着要往孔内加料。加料方式有三种：第一种是把振冲器提出孔口，往孔内倒入约 1 m 堆高的填料，然后下降振冲器使填料振实，每次加料都这样做。第二种是振冲器不提出孔口，只是向上提升约 1 m，然后向孔口倒料，再下降振冲器填料振实。第三种是边把振冲器缓慢向上提升，边在孔口连续加料。就黏性土路基来说，多数采用第一种加料方式，因为后两种方式的桩体质量不易保证。

对较软的土层，宜采用"先护壁，后制桩"的办法施工。成孔时，不要一下达到设计深度，而是先达到软层上部 1～2 m 范围内，将振冲器提出孔口加一批填料，下降振冲器使这批填料挤入孔壁，把这段孔壁加强以防塌孔，然后使振冲器下降至下一段软土中，用同样的方法填料护壁。如此重复进行，直达设计深度。孔壁护好后，就可按常规步骤制桩了。

（二）桩的施工顺序

桩的施工顺序一般采用由里向外（图 7-9a）或一边推向另一边（图 7-9b）的方式，因为这种方式有利于挤走部分软土。如果"由外向里"制桩，中心区的桩很难做好，对抗剪强度很低的软黏土路基，为减少制桩时对原土的扰动，宜用回隔跳打的方式施工（图 7-9c）。当加固区毗邻其他建筑物时，为减少对邻近建筑物的振动影响，宜按图 7-9（d）所示的顺序进行施工。必要时可用振力较小的振冲器（如 13 kW）制 A 排桩。

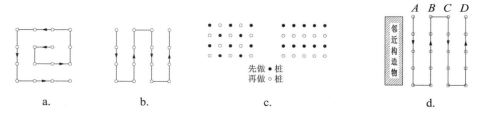

a. 由里向外方式　b. 一边推向另一边方式　c. 间隔跳打方式
d. 减少对邻近建筑物振动影响的施工顺序
图 7-9　桩的施工顺序

（三）制桩操作步

（1）将振冲器对准桩位，开水开电。检查水压、电压和振冲器的空载电流值是否正常。

（2）启动施工车或吊机的卷扬机，使振冲器以 1～2 m/min 的速度在土层中徐徐下沉。注意振冲器在下沉过程中的电流值不得超过电机的额定值。万一超过时，必须减速下沉，或者暂停下沉，或者向上提升一段距离，借助高压水冲松土层后再继续下沉。在开孔过程中，要记录振冲器经各深度的电流值和时间，电流值的变化定性地反映出土的强度变化。

（3）当振冲器达到设计加固深度以上 30～50 cm 时，开始将振冲器往上提，直至孔口，提升速率可增至 5～6 m/min。

（4）重复步骤（2）和（3）1～2 次。如果孔口有泥块堵住，应把它挖去。最后，将振冲器停留在设计加固深度以上30～50 cm处，借循环水使孔内泥浆变稀，这一步骤叫作清孔（图7-10b）。清孔时间1～2 min，然后将振冲器提出孔口，准备加填料。

（5）往孔内倒0.15～0.5 m³填料（图7-10c），将振冲器沉至填料中进行振实（图7-10d），这时，振冲器不仅能使填料振密，并且能使填料挤入孔壁的土中，从而使桩径扩大。由于填料的不断挤入，孔壁土的约束力逐渐增大，一旦约束力与振冲器产生的振力相等，桩径便不再扩大，这时振冲器电机的电流值迅速增大。当电流达到规定值时，认为该深度的桩体已经振密。如果电流达不到规定值，则需提起振冲器继续往孔内倒一批填料，然后再下降振冲器继续进行振密。如此重复操作，直至该深度的电流达到规定值为止。每倒一批填料进行振密，都必须记录深度、填料量、振密时间和电流量。电流的规定值称为密实电流，密实电流由现场制桩试验确定或根据经验选定。将振冲器提出孔口，准备做上一深度的桩体。

（6）重复上一步骤，自下而上地制作桩体，直至孔口，这样一根桩就做成了（图7-10e）。

（7）关振冲器，关水，移位。

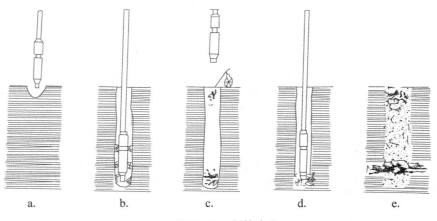

| a. | b. | c. | d. | e. |

图7-10　制桩步骤

（四）记录

每天施工完毕要及时填写制桩统计图，填写内容有桩号、制机深度、填料量、时间和完成日期。

（五）表层处理

桩顶部约1 m的范围内，由于该处路基上的上覆压力小，施工时桩体的密实程度很难达到要求，为此必须另行处理。处理的办法是将该段桩体挖去，或者用振动碾使之压实；如果采用挖除的办法，施工前的地面高程和桩顶高程要事先计划好。

一般来说，经过表层处理后的复合路基上要铺一层厚 30～50 cm 的碎石垫层。垫层本身也要压实，垫层上面再做基础。

五、施工质量控制

振冲置换桩的施工质量控制实质上就是对施工中所用的水、电、料三者的控制。如何控制，控制的标准又是什么，这些都与工程的路基土质的具体条件、建筑物的具体设计要求有关。因此，对大型重要工程，现场制桩试验几乎是必不可少的。

振冲施工中水是很重要的。关于水，要控制的一个是水量，另一个是水压。水量要充足，使孔内充满水，这样可防止塌孔，使制桩工作得以顺利进行。反之，水量亦不宜过多，过多时易把填料回出流走。关于水压，视土质及其强度而定。一般来说，对强度较低的，水压要小些；对强度较高的，水压宜大。成孔过程中，水压和水量要尽可能大；当接近设计加固深度时，要降低水压，以免破坏桩底以下的土。关于电，主要控制加料振密过程中的密实电流。密实电流规定值根据现场制桩试验定出，一般为振冲器潜水电动机的空载电流加上 10～15 A。在制桩时，值得注意的是，不能把振冲器刚接触填料的一瞬间的电流值作为密实电流。瞬时电流值有时可高达 120 A，但只要把振冲器停住不下降，电流值立即变小。可见，瞬时电流并不能真正反映填料的密实程度。只有振冲器在固定深度上振动一定时间（称为留振时间）而电流稳定在某一数值，这一稳定电流才能代表填料的密实程度。要求稳定电流值超过规定的密实电流值，该段桩体才算制作完毕。对黏性土路基，留振时间一般为 10～20 s。关于料，要注意加填料不宜过猛，原则上要"少吃多餐"，即要勤加料，但每批不宜加得太多。值得注意的是，在制作最深处桩体时，为达到规定，密实电流所需的填料远比制作其他部分桩体多。有时这段桩体的填料量可占整根桩总填料量的 1/4～1/2，这是因为开始阶段加的料有相当一部分从孔口向孔底下落过程中被粘留在各深度的孔壁上，只有少量能落到孔底；另一个原因是如果控制不当，压力水有可能超深，从而使孔底填料数量剧增；还有一个原因是孔底附近遇到了事先不知的局部软弱土层，这也能使填料数量超过正常用量。

归纳起来说，所谓施工质量控制就是要谨慎地掌握好填料量、密实电流和留振时间这三个施工质量要素，要使每段桩体在这三方面都达到规定值。某些工程的加固效果不能令人满意，主要原因在于没有全面贯彻质量三要素的各项要求。一般说来，在粉性较重的路基中制桩，密实电流容易达到规定值，这时要注意把好留振时间和填料量两道关。反之，在软黏土路基中制桩，填料量和留振时间容易达到规定值，这时还要注意把好密实电流这道关。由此可见，施工质量三要素虽然需要同时满足要求，但联系到具体情况，一定要根据路基土质条件，抓住主导要素，只有这样才能造出高质量的桩体来。

第五节　效果检验

一、检验概述

检验的目的有二，一个是检查桩体质量是否符合规定，如果不符合规定，就得研究采取什么补救措施，这叫施工质量检验；另一个是桩体质量全部符合规定，而要验证复合路基的力学性能是否全部满足设计方面提出的各项要求，如容许承载力、沉降量、差异沉降量、抗剪强度指标等是否达到规定值，这叫加固效果检验。对土质条件比较简单的中小型路基工程，不一定需要进行加固效果检验，但施工质量检验总是要进行的。

关于施工质量检验，常用的方法有单桩载荷试验和动力触探试验。关于加固效果检验，常用的方法有单桩复合路基载荷试验和多桩复合路基大型载荷试验，也有采用动力触探检测桩身密实度或面波法检测复合路基性能的。无论施工量检验还是加固效果检验，不可能每根桩都进行，而是要用随机抽样的办法确定哪些桩应该进行检验。

二、载荷试验

载荷试验类型有单桩载荷试验、单桩复合路基载荷试验和多桩复合路基载荷试验，试验按相关规范进行，有时为了比较路基在制桩前后的压力与沉降比关系线的变化，还要在天然路基上进行载荷试验。

三、动力触探

湖北省综合勘察院提出用标准贯入试验设备在碎石机轴心处进行动力触探以检验桩的密实程度，采用的判别准则如表 7-2 所示。同时规定，连续出现下沉量大于 7 cm 的桩长达 0.5 m，或间断出现大于 7 cm 下沉量的累计桩长在 1 m 以上的桩，应采取补强措施。

表7-2　碎石桩密实程度判别准则

连续5击下沉量（cm）	密实程度	连续5击下沉量（cm）	密实程度
<7	密实	10～13	不密实
7～10	不够密实	>13	松散

四、大型原位剪切试验

对于抗滑稳定问题，有条件时可在现场选择有代表性的桩体进行大型剪切试验、一般采用单桩剪切试验和单桩复合土剪切试验两种。前者环刀中只有一根桩体，即环刀直径与桩的直径相等；后者环刀中除有一根桩体外，还有原上，即环刀直径与等效影响圆直径相等。目前，有相关专家详细描述了进行该项试验所用的设备和操作方法。

第六节　工程实例

一、工程概况

东营广利港某产业园区场区内部道路，总长度为607.4 m，规划道路红线宽度为35 m，场地原为水坑、养虾池，近期被人工吹填整平，吹填层平均厚度约2.0 m，土质为粉土，含水率高，承载力低，存在淤泥质粉质黏土软弱土层，道路路基承载力达不到工程建设要求。

根据地质勘察资料，参考土体的时代成因、岩性特征和物理力学性质特征，场地自上而下按顺序可划分为5个大层，第一层是冲填土层，以灰黄色粉土为主，土质较均匀，回填年限不超过5年，厚度为1.70～2.30 m；第二层是粉土层，以黄褐色粉土为主，厚度为1.5～2.1 m；第三层淤泥质粉质黏土层，以软塑～流塑状态的粉质黏土为主，厚度为1.6～2.7 m；第四层粉土层，以灰黄色粉土为主，土质较均匀，工程力学性质较好，厚度为4.0～5.5 m；第五层粉质黏土层，以黄褐色为主，基本呈软塑状态，局部夹杂薄层粉土及淤泥质黏土，厚度为2.0～4.0 m。

二、方案设计

为保证路基承载力，道路路基采用振冲置换法进行处理。在施工时，通过振冲器的自重作用、水平振动力和高压水作用将黏性土变成泥浆排出孔外，形成略大于振冲器直径的孔，将碎石灌入孔中，通过振冲器挤压碎石体形成具有一定密度的桩体，桩体和原黏性土路基形成复合路基。根据类似工程经验，振冲碎石桩桩径0.6 m，采用正方形布置，间距1.5 m，横向布置为绿化带坡脚外侧1 m范围内，桩体材料采用人工级配碎石料，最大粒径控制在6 cm以内，含泥量不大于5%。振冲器功率宜根据振冲碎石桩的设计深度和土体特性选用55 kW或75 kW，必要时可采用150 kW。

正式施工前应进行试桩，通过试桩确定桩体破坏位置，各层土碎石桩桩径，各试验桩的实际桩长，振冲器的功率与型号，以及试桩施工时的水压、气压、密实电流、振动时间、成孔速度、制桩时间和填料等施工参数。

三、施工要求

碎石桩施工采用顺序施工方式，由场地规划道路一端施打至另一端，桩位成孔后，采用连续填料法进行碎石填筑。施工过程应遵循一定的工艺规程，包括造孔、清孔、振冲密实、顶部处理、垫层处理等内容。

（一）施工顺序

1. 造孔

将振冲器缓慢稳妥地吊起，对准桩位缓慢下降至离地面30 cm以内，待射水孔水压、水量达到工艺要求时，启动振冲器，拉紧防扭绳索。待振冲器内的偏心块达到额定转速时，下沉振冲器进入土层进行造孔作业。造孔过程中控制吊机卷扬绳的下放速度，不宜过快，一般以0.5～2.0 m/min为宜，始终保持振冲器的悬垂状态，以免造成斜孔。造孔过程中如遇到电流超过电机额定电流，应使振冲器暂停下沉或减速下沉或上提振冲器一段距离，借助高压水冲松土层后继续下沉造孔。土层中含有较硬的土层时，有时需要采取扩孔措施，振冲器上下反复移动几次，扩大孔径，便于填料。孔达到设计深度时，上提振冲器。造孔过程中要及时记录各深度的水压、造孔电流等的变化和相应时间，这些可以定性地反映出土体强度变化。

2. 清孔

当造孔达到设计深度时，先以5～6 m/min的速度上提振冲器出孔口，然后再次下沉，反复2～3次，最后停留在孔底以上50 cm处，冲水清孔1～2 min，再提出孔口，使孔口泥浆变稀，保证填料畅通，减小桩体含泥量。

3. 振冲密实

清孔后将振冲器提离孔底 50 cm，由装载机孔内连续填入碎石料。依靠振冲器水平振动力不但能将孔内石料振密，还能不断将填料挤入孔壁中，当电流达到规定值时，继续加密达到振留时间。当电流增大至空载电流时，即表示该段桩体已经密实，可以继续下一段填料工序。再次提升振冲器，重复上述过程，如此反复进行直至地表成桩。当一根碎石桩制桩结束后，移动振冲器至下一桩位进行制桩作业，振密的桩顶应高于设计高程不小于 1 m。

4. 顶部处理

施工完毕后，将顶部预留的松疏桩头挖除，随后铺设并压实垫层。

5. 垫层处理

在桩顶部处理过的复合路基上面铺设一层厚 30 cm 的碎石震动碾压垫层。

（二）成桩要求

振冲碎石桩施工机具采用功率 75 kW 振冲器（振密电流和留振时间必须自动控制）。制桩电压为 380 V，超过 ±20 V 不得施工，振密电流为 90 A，留振时间 15 s，桩头部分可延长至 18 s，成孔水压 0.6 MPa，振密水冲压力 0.15～0.2 MPa。制桩时，每 0.50～1.00 m 记录一次振密电流、留振时间、水压、填料量。

振冲器喷水中心与桩位中心偏差不得大于 50 mm，造孔中心与设计定位中心偏差不得大于 100 mm，完成后桩顶中心与设计中心偏差不得大于 0.2D（D 为桩直径）。石料为硬质岩石（灰岩类或新鲜岩石的饱和单轴极限抗压强度大于或等于 30 MPa），粒径 3～6 cm，最大粒径不得超过 10 cm，含泥量不得大于 5%，不得使用中等和强风化石料。造孔深度与设计桩底标高允许偏差为 ±200 mm。

施工时，应由专人负责查对孔号，按记录表详细记录，成孔电流、振密电，水压、时间等要详细、如实、准确、规范地进行填写。

（三）施工过程控制

1. 桩数控制

技术人员按设计图纸认真放线布桩，制桩作业时，详细记录桩号、桩数及施工情况，进行复核统计并在图纸上按号标记已打桩数，发现漏打时应及时补打。

2. 桩长控制

施工时按照实测自然地坪确定施工桩深，成桩深度允许偏差 ±200 mm，成桩至自然地坪，以确保设计桩顶标高。

3. 桩位偏移控制

振冲器喷水中心与桩位中心偏差不得大于 50 mm，造孔中心与设计定位中心偏差不得大于100 mm，完成后桩顶中心与设计中心偏差不得大于120 mm。

4. 施工材料控制

施工时水量充足，使桩孔内充满水，但不可过多，以免造成填料随水回流带走，要根据土质、强度选择适当的水压。严格遵守加密电流和留振时间。保证设计要求的置换率，填料时少填、连续填，使填料顺利进行。依据现行规范对碎石分批进行抽检，检测合格后方可使用，以确保施工所用材料均为合格品。

5. 成桩控制

成孔时应随时注意电流表的变化，发现异常情况及时检查处理。成孔后边提升振冲器边冲水至孔口，再放至孔底，重放1~3次扩大孔径并使孔内泥浆变稀，开始填料制桩。填料时不宜将振冲器提出孔口，每次填料高度不宜大于0.50 m，当电流达到规定的密实电流值和规定的留振时间后，将振冲器提升0.50 m。重复以上步骤，自下而上逐段制作桩体直至孔口。

6. 泥浆排放

各机组使用排污泵，边施工边将泥浆排至泥浆中转池，做好防渗处理，通过泥浆泵将泥浆抽进泥浆沉淀池。沉淀池旁留一个0.8 m宽的排水沟，随泥浆的沉淀随堵填排水沟，但应防止泥浆外泄。

四、检验检测

该工程检测采用单桩静载试验、单桩复合路基载荷试验、桩间土测试、桩土应力测试、原地层及桩间土钻探取土、标准贯入试验、桩体重型动力触探试验、室内土工试验等方法进行施工质量检测。

单桩静载试验、单桩复合路基载荷试验，静载试验工作在碎石桩达到10天龄期后进行，采用慢速维持荷载法进行，即逐级加载，每级荷载达到相对稳定后再施加下一级荷载；桩间土测试，该工程采用原地层、桩间土标准贯入试验、钻孔不扰动土样进行室内土工试验等方法检验处理桩间土的加固效果；桩土应力测试，是取两组单桩复合路基载荷试验点，在承压板下碎石桩顶和承压板对角桩间土位置分别埋设土压力计，测量静载试验中不同试验压力下桩顶和桩间土的应力值，进而计算桩土应力比。

根据单桩静载试验结果，单桩承载力特征值采为300 kN，根据复合路基载荷试验结果，复合路基承载力特征值为134 kPa，高于路基处理完承载力特征值大于120 kPa的设计要求。根据桩体重型动力触探试验结果显示，击数一般在15~25击，说明桩体连续且较均匀，密实度较好。经过开挖验证，桩体在距桩顶 2～3 倍桩径范围内容易被破坏。检测结果表明，在处理深度范围内的桩间土的强度有了不同程度的提高；处理后的复合路基承载力特征值比天然路基土承载力特征值有了明显的提高，碎石桩加固效果显著。该工程经碎石桩处理的复合路基均能满足安全和使用要求，也能够满足路基强度和沉降量的设计要求。

第八章

◀◀◀ 强夯路基

第一节　概述

一、强夯法在路基加固中的应用

路基是道路建设施工过程中不可缺少的一部分，其自身作为道路结构的重要支撑体系，承受着由路面传递而来的各种行车及其他形式的荷载，其强度与稳定性能是保障道路正常稳定运行的重要因素。路基在行车荷载过大，特别是重载大交通量的情况下，直接影响路面结构层的应力分布，路基压实的质量控制至关重要，许多公路问题与其密切相关，如道路中出现的车辙、裂缝、沉陷、坑槽、桥头跳车等问题，都与路基压实不足而发生不均匀变形沉降有直接关系。随着社会经济的不断发展，当今公路存在运营车辆大量超载的现象，过大的行车以及重物荷载，对路基的强度和质量稳定性提出了更高的要求。

黄河三角洲地区处于黄河冲积平原区，区域地势平坦，河流湖泊众多，河滩高地、河间洼地交错分布，主要为沉积发育粉土、粉质黏土，土层结构及分布范围差异较大，地下水位高，路基压缩性大。该区域内的路基施工多为填方路基，填筑材料多为粉土，粉土中黏质颗粒含量相对较少，粉质颗粒分选度高，整体级配不良，且粉质土的颗粒磨圆度高，粉粒间空隙不能得到有效填充，存在球形堆积状构架，传统的分层碾压压实工艺很难使路基达到有效的压实效果。要想提高路基的压实度，就需要让粉土颗粒重新排列，通过压实过程中的有效击实功作用使得颗粒间产生挤压、移动和错位，降低土颗粒间的孔隙率，排出空隙中的空气和孔隙水，随着有效击实功的不断重复和增加，使得路基充分压实。这种行之有效的压实处理技术可以明显提高路基填土的承载、抗变形能力及水稳定性，降低因压实不足导致的路基路面沉降。

近年来，在众多道路施工过程中尝试采用强夯技术对路基填筑进行处理和压实，取得了不错的实践效果。强夯处理路基又可分为强夯置换路基和强夯路基。强夯置换路基是指用夯锤将铺在天然软土路基表面上的品性良好的粒状材料夯入路基土中，达到置换的目的。在工程实践中，强夯置换法多用于处理含水量过高的黏性土和厚度不大的淤泥、淤泥质土路基，该方法能够克服挖土换填不能太深、粉喷桩不能太浅的局限性，在浅层软基处理中有一定优势。强夯路基是指利用重锤自由落下击打地面产生巨大的冲击能量，以传递波的方式来改变土体的自身结构、三相组成，从而改善土体力学性质，使得路基土体强度增加、承载能力提高。利用起吊设备反复将重锤提到高处使其自由落下夯击路基，从而使路基土体压缩性降低、强度提高。由于强夯法设备简单、施工便捷、效果显著、质量容控、适用范围广、施工周期短、经济可行性好而得以迅速推广。基于黄河三角洲地区的工程实践经验，本章以强夯路基处理为介绍重点，研究强夯法填筑粉土路基的工程技术，对于有效提高粉土路基填筑速率、降低路基填筑费用、保障路基填筑质量具有十分重要的经济与社会意义。

二、强夯法加固的技术特点及发展趋势

强夯法加固设备简单、适用范围广、加固速度快，是当前较经济简便的路基加固方法之一，被广泛地应用于路基处理之中，强夯技术具有以下特点。

（1）应用范围广。强夯法目前已广泛应用于民用建筑、工业厂房、设备基础、堆场、公路、铁道、桥梁、机场跑道、港口码头等各种行业的路基加固。

（2）适用土层多。可用于加固一般黏性土、粉土、砂性土、碎石土、人工填土、湿陷性黄土等各类土层，特别适宜加固一般处理方法难以加固的大块碎石类土以及建筑、生活垃圾或工业废料等组成的杂填土，结合其他技术措施亦可用于加固软土路基，改良碎石土的不均匀性，消除砂性土的液化，提高土体承载力。

（3）加固效果显著。路基经强夯处理后，可增加土体干重度，减少孔隙比，降低压缩系数，明显提高路基承载力，可消除特殊土的湿陷性、膨胀性、液化。强夯加固后的路基压缩性可降低2～10倍，而强度可提高2～5倍，除含水量过高的软黏土外，一般均可在夯实后投入使用。

（4）有效加固深度大。一般能量强夯处理深度在6～8 m，高能级强夯处理深度达12 m，多层强夯处理深度可达54 m，能满足一般工程路基加固的需求。

（5）施工工艺简单。强夯机具主要为履带式起重机，当起吊能力有限时可辅以龙门式起落架或其他设施，加上自动脱钩装置。当机械设备困难时，还可以因地制宜地采用打桩机、龙门吊、桅杆等简易设备。一般的强夯处理是对原状土施加能量，无需添加建筑材料，从而节省了材料。若以砂井、挤密碎石工艺配合强夯施工，其加固效

果要比单一工艺高得多，而材料比单一砂井、挤密碎石方案少且费用低。

（6）工程造价低。由于强夯工艺无需建筑材料，节省了建筑材料的购置、运输、制作、打入费用，仅需消耗少量油料，因此成本低，造价省。以砂井预压为基准，从表8-1可以看出常用软土加固方法的工程造价比值。

表8-1 常用软土加固方法的经济比较

加固方法	强夯	砂井预压	挤密砂桩	钢筋混凝土桩	化学拌和法
造价比	0.3	1.0	2.0	4.0	4.0

（7）环保性好。强夯法能充分发挥岩、土体本身的作用，不改变土体的化学组成，对周边环境不存在工后污染。

近年来，国内强夯技术发展迅速，应用范围更加广泛，研究内容也愈加广泛。下面从不同角度剖析强夯法的发展趋势。

从处治对象角度的研究：一是以处理饱和软土为目的的低能级强夯技术；二是以处理高填土和深厚湿陷性黄土及消除湿陷为目的的高能级强夯技术；三是强夯与其他路基处理技术优势互补，发展成组合式路基处理技术。

从工程技术方面的研究：一是适用于不同土层的强夯技术研究；二是加固不良地质时与其他路基处理方法相结合的技术；三是施工设计及施工机械的研究。

对强夯法理论的研究：一是强夯法的加固机理；二是强夯法的有效加固深度；三是强夯法的参数选择；四是强夯的数值模拟；五是强夯振动的环境分析。

目前，对强夯加固机理的研究已有较大进展，对强夯的研究不限于施工技术与加固效果上，还从强夯夯锤的冲击力、强夯夯能的传播与分配、土体夯实模型研究、强夯加固区地面沉降等方面进行了一定的研究。此外，对强夯的数值模拟研究也在逐步深入。

第二节 强夯作用机理

在强夯法加固机理方面，国内外的专家学者从诸多角度进行了大量的探讨及研究，但是由于土的多样式及地域性，加之影响强夯效果的因素太多，理论分析和计算都较为困难，因此各种理论仍众说纷纭，但其仅在特定环境、特定土质下适用，难以形成统一意见。

从客观因素来说，土的种类繁多，包括饱和土、非饱和土、黏性土和砂性土等，不同土的固有特性均影响其最终加固效果。从主观因素即外界施工条件来说，夯锤属性、夯击能级、夯点布置、夯击次数及遍数、间歇时间均会影响加固效果。

由于影响因素众多，强夯法加固路基的机理无法准确阐释，直至现在理论分析和计算方法仍不成熟。根据土的性质、施工方法的不同，相应的加固机理也各不相同，宏观上可从冲击力、波在土体加固中的作用等方面进行研究，微观上则从土的内在结构在冲击力作用下的变化作出说明。下面主要从动力压密、动力固结和振动波压密三个方面介绍强夯法加固路基的机理。

一、动力压密理论

动力压密理论多适用于非饱和土，尤其适合土质颗粒粗大、孔隙多、排列不均匀的情况。动力压密理论是土体中的气相及液相体积被冲击动力挤压排出，土体密实，从而使土体得到增强。土体存在固、液、气三相性，通过不断施加夯击能，土体中的固态颗粒及液体产生压缩变形，但相对来说，气体的压缩性远远大于固体及液体，因此孔隙中的气体先于固体和液体排出，土体的旧结构遭到破坏，经重新排列后形成新结构。周而复始，经多次重新排列后，土体结构回归初始状态，同时强度增加，土体得到加固。因此在动力压密理论中，土体是因其中的空气（气相）被挤出进而得到压缩、达到增强的目的。

二、动力固结理论

动力固结理论多适用于饱和性土，当对饱和黏性土进行强夯时，重锤夯击土体，使得土体结构重新排列，达到一定夯击能时，土体局部发生液化，进而产生很多细小裂缝，水通过裂缝排出，待其消散，土体被压缩，密度增大，土体强度因土体本身的触变性改变而得到提高。饱和土土体强度增加及密实度改善，是靠动力固结，其过程可分为三个阶段，即压缩密实、局部液化以及触变恢复。

（一）饱和土的压缩密实

土本身存在气相及液相，土体内部少量气体及土颗粒间的孔隙水可被压缩，两者占整个比例较少，为1%～3%，最多达4%。夯锤冲击土体过程中，在连续不断的动能作用下，土中的气体体积压缩，但同时固体颗粒的体积没有变化，土体孔隙中的孔隙水压力随着气体的排出而增大，从而产生超孔隙水压力。随着超孔隙水压力的增大，土颗粒对水分子的吸附作用减小，薄膜水转化成自由水。在夯击的初始阶段，路基土中的抗剪强度下降显著，当夯击进行到一定阶段时，孔隙水压力开始消散，这时土颗粒间原被孔隙水压力抵消的相互作用力开始逐渐恢复，抗剪强度有所增加。在整个夯击过程中，气相、液相体积减小，土体体积得到压缩，进而使土体达到加密。

（二）饱和土的局部液化

在上述阶段，土体经夯锤多次夯击，其内的超孔隙水压力随着气体的释放随之增大。当土中局部孔隙中的气体含量接近于零时，土的超孔隙水压力将达到峰值，当该峰值到达某个界限值时，土中不存在有效应力，抗剪强度随之下降为零，土颗粒将达到悬浮，形成局部液化现象。此时，不能继续施夯，该点夯击能称为饱和能，若继续施夯，土体不能产生固结，其内的液态水难以排除，土体结构遭到破坏后将不能恢复。在强大夯击能的作用下，饱和土局部产生液化，此时土体孔隙内的水压等于全部压力产生的超孔隙水压力，导致土体内部出现裂缝，为不规则分叉状。土体的渗透性随之大大提高，孔隙内的水可经分叉状裂缝快速排出，超孔隙水压迅速降低，进而饱和土的固结速率得到提高，土体结构得到增强，承载力和抗压缩性均大大提高。当孔隙内部水的压力逐渐变小，低于土体间水平向挤压力时，分叉状排水网络的缝隙不再开放，水则恢复其在土中运动的常规状态。

（三）饱和土的触变恢复

经多次夯击后，土体抗剪强度急剧下降，当土体发生局部液化时，甚至降为零。土体产生裂隙，同时土体中的水发生转化，吸附水变成自由水。土的抗剪强度和压缩模量指标随着孔隙水压力的消散，得到大幅增强，土颗粒变得更为密实。此时，自由水丧失流动性转变为吸附水，土体结构恢复原来状态，其强度得到增加，此谓土的触变性。土体性质对触变性起决定性影响，恢复时间差距很大，根据相关工程实例资料，经强夯后的饱和土强度增长最多可延续数月之久。

三、振动波压密理论

强夯法是通过重锤下落产生的巨大势能加固土体的，夯击能通过振动在土中传播，振动则会产生波，因此有学者立足于振动波，提出了振动波压密理论。在整个强夯过程中能量由机械能先向势能转变，最终以动能形式作用于土体。重锤落在地面的瞬间，振动并沿夯锤作用点向周边传播。在振动波作用下，土体质点带动周边介质，最终将能量传递出去。

振动的传播途径也是波，在半无限空间里，波可分为体波和面波，而体波分为横波（S波）和纵波（P波），面波主要有瑞利波（R波）和勒夫波（L波）。Pursey和Miller在研究均质、各向同性的弹性半空间表面上作用有垂直振动的图形的能源情形后指出三种弹性波的比例：R 波占 67%，S 波占 26%，P 波占 7%，S 波会产生较大孔隙水压力，而 P 波所占比例很小。夯锤落地后，夯锤的动能除一部分以声波形式向外传播，一部分与土体摩擦变成热能外，其余大部分以振动波形式在土体内传播，形成波场。根据波的传播特性，瑞利波以夯坑为中心沿地表向四周传播，使周围土体产生振动，对路基加固压密没有效果；而余下的能量由压缩波和剪切波携带向地下传播。在波的传播过程中，P 波波速大于 S 波波速，因此 P 波首先对周围土体产生作用，波的前进方向与质点的振动方向一致，土体受到压缩或者拉伸。当土体受到压缩作用时，孔隙水压力骤然上升，路基土颗粒间的相互作用力被生成的超孔隙水压力取代，造成土体抗剪强度迅速降低；当土体受到拉伸作用时，破坏了土体的原始结构，使土体变得松散。紧随 P 波到达的是 S 波，S 波的前进方向与质点运动方向垂直。S 波是长周期且大振幅，在总输入能量中占较大比例，因此对土体的振动破坏能力很强，其结果会导致土体中的裂缝减少。面波与其他波不同，特别是 R 波，介质在波传播方向的垂直平面内作逆时针椭圆运动，其质点的水平分量运动主要是让土体颗粒受到剪力作用而使土体密实，垂直分量主要是松动土体，使夯坑周围土体发生隆起变形。

夯锤对路基产生的夯击能转化为土层各质点的振动能，使土体发生自由振动，一个质点受冲击力作用发生振动位移，波及土体中相邻质点发生振动，相邻质点发生振动后，又引起下一个相邻质点的振动，这样能量循此传递下去并以波的形式传递给路基土层，其中瑞利波 R 波携带能量最多，以夯锤与土体接触面中心处为圆心，向周边传递，波在传递过程中带动介质共同振动，对路基压缩致密不起作用，其竖向分量会导致夯坑周围土体产生隆起。其余能量由横波 S 波和纵波 P 波携带，向下传递，当能量作用至待处理土层上，整个土体强度就得到了提高。

本节从动力压密理论、动力固结理论以及振动波压密理论三个方面分别解释了强夯法加固路基的基本原理。动力压密理论顾名思义即土体中的气相及液相体积被冲击动力挤压排出，土体得到增强。动力固结理论主要适用于饱和黏性土，对固结过程的三个阶段，饱和土的压缩密实、局部液化及触变恢复进行研究，得出了各个阶段的相关规律。振动波压密理论将强夯法的加固机理从波动理论的层次进行了解释，其认为土体强夯加固的过程是夯击能量波传递的过程，将夯锤冲击地面时产生的地震波细分为体波和面波，体波主要起加固作用。

第三节　强夯路基的设计

在强夯法工程实践中，由于不同地区土体物理力学指标相差很大，到目前为止，对于强夯设计仍没有可以普遍适用的设计方法。实际工程中多采用理论结合经验的做法，并根据现场试验数据及时进行比较，如不符合预期效果则对设计参数加以优化。在现场施工时，首先应对场地做出详细勘察，依据工程重要等级查明地质情况及对周边环境的影响；其次，根据地勘报告、工程性质及相关加固后目标值，初步确定强夯施工参数，如有效加固深度、锤重、落距等；再次，根据既定的施工参数，制订详细强夯施工方案；最后，在正式施工前，需进行强夯试验，并对夯后加固效果进行详细检测，通过分析，确定是否满足加固后相关目标值，如不满足，则修改原定强夯施工方案。

路基处理目的不同，其相应的技术要求也不相同，强夯处理方法、设计参数也大不相同。例如，对软弱土路基，加固目的应以增强土体强度和减少沉降为主；对于特殊地质条件路基，如湿陷性土、膨胀土，应以消除其湿陷性、膨胀性为主；对高填土路基，应以提高路基承载力、压实度和控制不均匀沉降为主。强夯法加固路基设计的参数众多，结合黄河三角洲地区的地质条件和工程实际，本节主要从有效加固深度、夯锤选择、夯击能的选择、夯击位置及次数、间隔时间、加固范围等方面进行介绍。

一、有效加固深度

任何一种路基处理方法都需要重点考虑土体的加固影响深度，在强夯法设计中，有效加固深度直接决定加固效果优劣，且选定处理方案时也需考虑该项参数。单点夯击能对加固影响深度起决定性影响，梅那据此建立影响深度 H 的估算公式，如下所示：

$$H = \alpha \sqrt{Mh} \tag{8-1}$$

式中，H——强夯加固影响深度；

　　　M——夯锤重（t）；

　　　h——落距（m）；

　　　α——修正系数，变动范围为 0.35～0.70，黏性土和粉土一般取 0.5；砂土取 0.70；黄土取 0.35～0.50。

强夯的有效加固深度受多方面因素影响，精确计算较为困难，主要影响因素是单点夯击夯能特别是夯锤底面积上的单位单击夯能。目前计算有效加固深度是以梅那估算公式结合工程实际来确定，如不符合则加以修正，修正系数取决于土质和夯击工艺，一般为0.4～0.8，软土可取0.5，黄土可取0.34～0.5。

若工程所在地有实验资料或经验参数，应根据当地实际试验结果结合经验确定有效加固深度，当试验资料或经验匮乏时，可依据《建筑路基处理技术规范》（JGJ 79—2012），按表8-2进行预估。

表8-2　强夯的有效加固深度

单击夯击能 E（kN·m）	碎石土、砂石土等粗颗粒土（m）	粉土、粉质黏土、湿陷性黄土等细颗粒土（m）
1 000	4.0～5.0	3.0～4.0
2 000	5.0～6.0	4.0～5.0
3 000	6.0～7.0	5.0～6.0
4 000	7.0～8.0	6.0～7.0
5 000	8.0～8.5	7.0～7.5
6 000	8.5～9.0	7.5～8.0
8 000	9.0～9.5	8.0～8.5
10 000	9.5～10.0	8.5～9.0
12 000	10.0～11.0	9.0～10.0

强夯有效加固深度从地表开始计算；当超过表中最大单机夯击能时，应通过现场试验确定。

二、夯锤选择

（一）夯锤重量选择

强夯加固路基的效果和强夯能级关系密切，夯锤重量的选择至关重要，其他强夯参数相同，若夯锤重量选择不当，加固效果可能大相径庭。例如，路基土加固需要大的冲击速度，若选择的夯锤重量过大，则在强夯能级不变的条件下落距就会过小，冲击速度不能保证；相反，如果夯锤重量过小，惯性随之变小，尽管有了较大的冲击速度，也达不到预期效果。经过工程实践的经验总结，发现夯锤存在最佳重量值，但由于土质情况千差万别，此最佳值并无较好的理论计算相支持。目前，在路基土性质相同，夯锤形状及材料、锤底面积、夯点布置及强夯能级参数均一致的情况下，夯锤最佳重量值和落距比例关系如下：

$$M:h=1\sim1.4$$

当满足上述关系时，可达到最佳强夯效果，同时能符合相应的设计指标。通过对试验资料进行理论分析，在强夯机具提升力允许的前提下，重锤能对路基土产生更大的冲击，加固效果更优，且大幅降低造价，因此施工时应采用重锤低落距。

（二）夯锤底面积的选择

强夯依靠夯锤接触地面产生的巨大冲击荷载来加固路基，夯锤底面是夯锤与地面传递荷载的直接介质，因此强夯底面大小也会影响最终夯击结果。若夯锤底面积过大，则冲击应力过小，起不到加固土体的效果；夯锤底面积过小则会使土体发生剪切破坏。因此，锤底面积应满足下列指标：一是夯锤单位面积的静压力宜在$2.5\sim4$ t/m^2。二是夯锤单位面积的夯击能级在$2\,000$ kN·m以下时，宜为$300\sim500$ kN·m/m^2。三是当待处理路基土质为砂土和碎石土，夯锤底面积应选用较小的；对于软土夯锤底面积应选用较大的；对于粉土、黄土则应选用中等面积的夯锤。

三、夯击能的选择

（一）单击夯击能

单击夯击能决定每击能量的大小，单击夯击能由路基预期加固深度、土质参数及路基现场状况所决定，其公式如下：

$$E=Mgh \tag{8-2}$$

式中，E——单击夯击能（kN·m）；

　　　M——夯锤重（t）；

　　　g——重力加速度，为9.8 m^2/s；

　　　h——落距（m）。

（二）单位面积夯击能

对路基进行强夯作业时，为保证较高的夯击效率，需合理选配施工机具及夯击能量。夯击能取决于锤重及落距二者之积。单位面积夯击能为1 m^{2}路基土上所施加的夯击能，其影响因素众多，如土质类型、处理深度等，因此要结合现场试夯结果综合考虑。根据经验，粗颗粒土可取$2\,100\sim3\,000$ kN·m/m，细颗粒土可取$1\,500\sim4\,000$ kN·m/m。单位面积夯击能应选取得当，过大会对土体造成破坏，增加造价；过小则起不到加固作用。目前，我国常用单机夯击能大多不超过$3\,000$ kN·m/m。

（三）最佳夯击能

当夯击到一定程度，土体内部孔隙内的水压等于其自重 σz 时，此时的夯击能为最佳。土质不同，其最佳夯击能评判标准也不尽相同。黏性土孔隙内水压不能较快消除，其压力随夯击能增加而逐步升高，所以黏性土的最佳夯击能判定值为孔隙水压力的叠加值；相反，砂性土中因孔隙较多，水压能够迅速消除，孔隙水压增量和夯击次数会达到稳定状态，此时判定该土不能继续施加能量，即达到最佳夯击能。在实际应用中，最佳夯击能是根据孔隙水压力增量和夯击次数曲线图来确定的。

四、夯击位置及次数

（一）夯击点布置及间距

夯击点的平面布置是否合理直接决定最终路基的加固效果及施工费用，确定夯击点位置时需根据土质类别、上部建筑物结构、基础形式和工程需要综合考虑。夯击点位置一般采用梅花形、正方形布点（图8-1）。常见的采用条形基础的建筑物，如办公楼、住宅建筑，应保证承重墙下及纵横墙交接处下的条基均布有夯点；柱下独基的建筑物，如单层工业厂房，应在独基下设置夯点，不仅能满足柱下独基的承载力，也可以避免大面积夯击造成浪费。

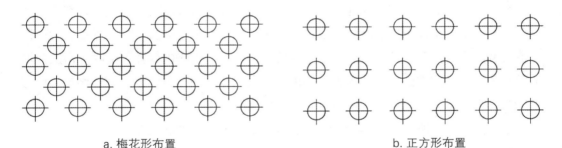

a. 梅花形布置　　　　　　　　　　　　　　　b. 正方形布置

图8-1　夯击点布点图

夯击点间距通常简称为夯距，主要受路基土的性质和设计加固深度的影响。对于细颗粒土，夯点间距要大以便满足土体内部孔隙中水压的消除；为了更好地加固深层土体，首遍夯击间距不宜过小，可取夯锤直径的2.5～3.5倍，这样可避免浅层土在夯击时形成密实层，以使夯击能量能传递至深层土。两边夯点应交叉布置，后夯夯点在前夯夯点中间。终遍夯击主要需保证地表土的均匀性及密实度，应采用较低夯击能，且满足夯点之间重叠搭接，即工程中常说的"满夯"或称"普夯"。目前，我国工程中常用3～12 m的夯距，依据以往工程实践，间隔夯击优于连续夯击。

（二）夯击次数及遍数

夯击次数指一次性在单一夯点连续夯击的次数。夯击次数应以现场试验得出的每击沉降量结合收锤标准进行确定，同时满足最大的土体竖向压缩和最小的侧向移动；夯击次数也跟土质有关，土体参数以及每层厚度的差异均会产生影响，国内外一般每夯击点夯5～20击。当前，在工程应用中，夯击次数可依据现场试验结果确定，但应符合现行规范规定。

停夯前两击的平均夯沉量宜满足表8-3的要求。当单击夯击能E大于12 000 kN·m时应通过试验确定。

表8-3　强夯法最后两击平均夯沉量

单击夯击能 E（kN·m）	最后两击平均夯沉量不大于（mm）
$E<4\,000$	50
$4\,000\leqslant E<6\,000$	100
$6\,000\leqslant E<8\,000$	150
$8\,000\leqslant E<12\,000$	200

夯坑边土体竖向位移即隆起不能过大，太大则表明有效压实系数变小，夯击效率下降。若大粒径土体夯坑边土体隆起位移很小甚至没有，则夯击次数应尽量加大，以便节省夯击遍数。若路基土质为高饱和度的黏性土时，土体内部孔隙会随夯击次数增加而变小，加之此类土中自由水不易排出，导致土体内部孔隙中水压持续增长，坑底土体在压力作用下无处排出，最终会导致夯坑周围地面出现巨大隆起。若此时仍继续施夯，不仅会极大浪费工时而且会破坏土体，反而起不到加固效果。

为方便施工、便于起锤，夯坑不宜过深，一般应分遍夯击作业，主要原因如下：一是夯坑要达到加固效果，只有在夯击时产生冲剪才能对夯坑底部产生挤压，如果夯击点过近，则产生不了冲剪效应，分遍可较好地解决此问题；二是为防止夯坑周围隆起量过大，需在夯坑周围布置有一定距离的非扰动土来约束土体。

夯击遍数可按路基土性确定，常规情况下，可夯击2～3遍，最后仍需满夯一遍，满夯能级应为低能级，一般为前几遍能量的1/4～1/5，锤击数可选为2～4击，以便将前几遍夯击时产生的松土及表土松层夯实。夯击遍数和夯击次数两个参数是互为相干的。当夯击点每次的总夯击数确定以后，应依土质不同选取相应的夯击遍数，具体选取方案如表8-4所示。

表8-4 夯击遍数与夯击次数关系表

土体颗粒	透水性	含水量	夯击遍数	夯击次数
细	弱	高	增加	减少
粗	强	低	增加	增加
粗	强	高	减少	增加
粗	弱	高	增加	减少
粗	强	低	增加	减少

五、间隔时间

分遍夯击存在必要的停歇，该停歇的时间即为间歇时间。间歇时间直接决定施工组织的合理性以及最终完工的时间。在强大夯击能的作用下，土局部产生液化，此时土体内部出现裂缝，土体的渗透性随之大大提高。孔隙内的水可经分叉状裂缝快速排出，超孔隙水压迅速降低，进而使土的固结速率得到提高，土体结构得到增强。当孔隙内部水的压力逐渐变小，低于土体间水平向挤压力时，分叉状排水网络的缝隙不再开放，水则恢复其在土中运动的常规状态。由此可见，超静孔隙水压力的消散时间直接影响间隔时间，超静孔隙水压力消散的快慢与否取决于土质及夯点间距等因素。若路基土渗透性良好，如砂土可在数小时甚至数分钟内消散完毕，相反则需要数周才能完全消散。如土体渗透性较低，则可通过人工设置排水通路来提高，以便提高土体的增强速度，节省工期。如果现场试验条件有限，间隔时间设置可参考表8-5。

表8-5 强夯间隔时间

渗透性	间隔时间
良好	控制流水顺序可不设置
差（黏土）	不少于3～4周

六、加固范围

路基压力存在应力扩散，因此强夯加固范围均需大于路基边一定尺寸，该尺寸和道路等级、上部荷载及结构重要等级有关，具体可参考表8-6。

表8-6　强夯加固范围

结构重要性	超出基础外缘宽度
一般	设计处理深度的1/2或1/3，且≥3 m
重要	设计处理深度

第四节　强夯路基的施工

一、施工机械

强夯施工必备的机具及设备有夯锤、吊装机械（起重机）及脱钩装置等。下面是各主要机具的详细介绍。

（一）夯锤

在上节中已对夯锤作了相关介绍，在此仅对夯锤的气孔做出说明。强夯施工作业中，如无气孔存在，将损耗三成夯击能，且不易起锤，不仅影响施工效率，而且大大浪费能源。因此，夯锤必须设置防堵排气孔，排气孔一般平行于锤的中心轴线对称布置，数目为4～6个，直径为250～300 mm，防堵排气孔结构如图8-2所示。夯锤压缩夯坑气体时，空气从空心螺栓中气孔排出，接触坑底时，空心螺栓头压缩弹簧堵住气孔，阻止泥土堵塞；拔出夯锤时，弹簧推出螺栓，此时空气又可经空心螺栓中心孔排出。

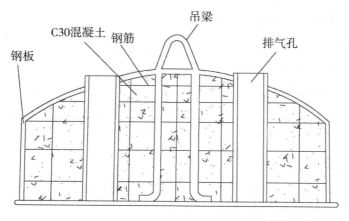

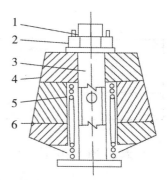

1. 开口销　2. 螺帽　3. 空心螺栓
4. 锤重　5. 弹簧　6. 气孔

图8-2　夯锤及防堵孔示意图

（二）吊装机械

强夯法采用夯锤落下产生的冲击力加固土体，因此对起重机的起重能力、稳定性、施工便易性要求较高。我国的吊装机械多改装自履带式吊车。强夯施工的夯击能量较大，以 4 000 kN·m 为例，15 t 夯锤落距需 26.7 m，20 t 夯锤落距则需 20 m。此时，起重臂在夯锤自重作用下会产生较大倾角，在夯锤脱钩瞬间，起重臂会发生猛烈后倾，严重时甚至会发生起重机倾覆事故，危害人机安全，因此在履带起重机的臂杆端部设置辅助门架以增强整体稳定性。辅助门架结构由横梁、柱及柱脚组成。辅助门架在起吊过程中与夯锤脱钩后不能发生失稳及扭转现象，因此需同时满足强度及稳定性要求，在设计过程中一般采取降低格构柱的长细比等措施来满足施工的安全要求。

（三）脱钩装置

固定式装置：当锤重小于起重卷扬机能力时，用单缆及普通卡环起吊夯锤，夯锤下落时钢丝也随着下落，缆绳与夯锤同步上下运行，所以夯击效率较高，简单可靠，但夯锤下降阻力较大，且极易搅乱缆绳。当夯锤重超过卷扬机能力时，就不能使用单缆锤施工工艺，只有利用滑轮组并借助脱钩装置来起落夯锤。起重机的起重能力，当直接和单缆绳起吊夯锤时，应大于夯锤的 3～4 倍；当采用自动脱钩装置时，起重能力应大于 1.5 倍的锤重。

脱钩装置：当锤重超出吊机卷扬机能力时，不能使用单缆锤施工，利用滑轮并借助脱钩装置来完成夯锤起落。操作时将夯锤挂在脱钩装置上，如图 8-3 所示，使锤形成自由落体。拉动脱钩装置的钢丝绳，其一端固定在吊机上，以钢丝绳的长短控制夯锤的落距。夯锤挂在脱钩器的钩上，当吊钩提到要求高度时，张紧的钢丝绳将脱钩器的伸臂拉转一个角度，致使夯锤突然下落，有时为防止起重臂在较大的仰角下突然释重而有可能发生后倾，可在履带起重机的臂杆端部设置辅助门架，或采取其他安全措施，防止落锤时机架倾覆。自动脱钩装置应具有足够的强度，且施工时要求灵活。

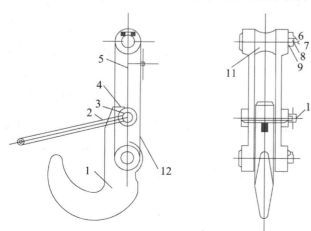

1. 吊钩　2. 锁卡合件　3. 螺栓
4. 开口销　5. 板架　6. 螺栓
7. 垫圈　8. 止动板　9. 销轴
10. 螺母　11. 鼓形轮　12. 护板

图 8-3　脱钩装置示意图

二、施工步骤

（一）准备工作

在施工前要做好前期准备工作，首先，应熟悉施工图纸，理解设计意图，掌握设计参数，现场实地考察并定位放线；其次，制订施工方案和确定强夯参数；然后，选择检验区做强夯实验进行试夯；最后，整平场地，修筑机械设备进出场道路，保证有足够的净空高度、宽度、路面强度和转弯半径。填土区应清除表层腐殖土、草根等，场地整平及填、挖土方时，应在强夯范围预留夯锤沉量需要的土厚。

（二）施工程序

清理、平整场地→标出第一遍夯点位置、测量场地高程→起重机就位、夯锤对准夯点位置→测量夯前锤顶高程→将夯锤吊到预定高度脱钩自由下落进行夯击，测量锤顶高程→往复夯击，按规定夯击次数及控制标准完成一个夯点的夯击→重复以上工序，完成第一遍全部夯点的夯击→用推土机将夯坑填平，测量场地高程→在规定的间隔时间内，按上述程序逐次完成全部夯击遍数→用低能量满夯，将场地表层松土夯实，并测量夯后的场地高程。

三、施工要点

（1）做好强夯路基地质勘察，对不均匀土层适当增多钻孔和原位测试工作，掌握土质情况，作为制定强夯方案和对比夯前、夯后的加固效果之用。必要时进行现场试验性强夯，确定强夯施工的各项参数。同时，应查明强夯范围内的地下建筑物和各种地下管线的位置及标高，并采取必要的防护措施，以免因强夯施工而造成损坏。

（2）强夯前应平整场地，用推土机预压二遍，有利于起重设备的行驶，同时又能处理湿陷、空洞问题，预防事故的发生。场地周围作好排水沟，按夯点布置测量放线确定夯位。地下水位较高时，应在表面铺 0.5～2.0 m 厚中（粗）砂或砂石垫层，以防备下陷和便于消散强夯产生的孔隙水压，也可以采取降低地下水位后再强夯。

（3）强夯应分段进行，顺序从边缘夯向中央，如图 8-4 所示，起重机直线行驶，从一边向另一边进行，每夯完一遍，用推土机整平场地，放线定位即可接着进行下一遍夯击。强夯法的加固顺序是先深后浅，即先加固深层土，再加固中层土，最后加固表层土。最后一遍夯完后，再以低能量满夯一遍，有条件时以采用小夯锤夯击为佳。

16	13	10	7	4	1
17	14	11	8	5	2
18	15	12	9	6	3
18′	15′	12′	9′	6′	3′
17′	14′	11′	8′	5′	2′
16′	13′	10′	7′	4′	1′

图 8-4 强夯顺序图

（4）回填土应控制含水量在最优含水量范围内，如低于最优含水量，可钻孔灌水或洒水浸渗。

（5）夯击时应按试验和设计确定的强夯参数进行，落锤应保持平稳，夯位应准确，夯击坑内积水应及时排除。坑底上含水量过大时，可铺砂石后再进行夯击。在每一遍夯击之后，要用新土或周围的土将夯击坑填平，再进行下一遍夯击。强夯后，基坑应及时修整，浇筑混凝土垫层封闭。

（6）做好施工过程中的检测和记录工作，包括检查夯锤重和落距，对夯点放线进行复核，检查夯坑位置，按要求检查每个夯点的夯击次数和每击的夯沉重等，并对各项参数及施工情况进行详细记录，作为质量控制的根据。

四、施工安全措施

（1）对施工人员要进行安全教育，树立安全第一的思想，强夯施工过程中要精神专注，遵循操作规程，切不可违规操作。

（2）吊车司机起吊前应通知吊车作业半径内其余人员。吊车吊臂下挂钩及扶尺人员，务必头戴安全帽，操作中要精力集中，做到稳、准、快，且需待吊钩下降停稳后方可进行操作，并在完成操作后立即远离危险区域。起重臂下除施工操作人员外严禁其他人员停留或穿行。夯击作业中，安全线以内严禁人员停留。

（3）强夯施工会产生巨大震动，如夯位较为接近邻近建筑物，应采用相应减振处理方法。强夯前务必将场地平整坚实，防止大型机械进场陷入路基，如存在湿陷、空洞等问题，应用推土机预压两遍，无法处理时应设置危险标识。

第五节　质量检验

对强夯路基质量检测应从两方面考虑，既要按照公路路基设计规范要求，满足路基强度基本设计指标，又要按照路基处理质量要求进行相关检验检测。

目前，国内外的路基检测方法较多，按试验地点可分为原位测试和室内土工试验两大类。原位测试按检测原理可分为载荷试验、静力触探试验、动力触探试验、旁压试验、十字板剪切试验、现场波速试验等；室内土工试验按试验目的可分为物理特性试验、压缩试验、抗剪强度试验、渗透试验等。其中，部分测试方法根据工作原理又细分为多种方法，如静力载荷试验根据试验深度可分为浅层平板载荷试验和深层平板载荷试验，动力触探法可分为标准贯入试验、轻型动力触探、重型动力触探和超重型动力触探等。

我国现行《城镇道路工程施工与质量验收规范》（CJJ 1—2008）中规定，路基检验与验收主控项目为压实度与弯沉值（回弹模量），一般项目有路床纵断高程、中线偏位、平整度、宽度、横坡及路堤边坡等要求。在《建筑路基处理技术规范》（JGJ 79—2012）中规定，强夯后的路基承载力检测应采用静载试验、其他原位测试和室内土工试验等方法综合确定，夯后路基均匀性检测可采用动力触探、标准贯入试验、静力触探以及室内土工实验等方法确定。

一、　检测方法及原理

（一）压实度试验

压实度是指施工后土样实际达到的干密度与室内标准击实试验所得到的最大干密度的比值，常采用灌砂法、环刀法、核子密度仪法进行压实度检测。压实度是路床质量检查与验收的主控项目，现行路基质量检验标准主要依据《公路路基施工技术规范》（JTG/T 3610—2019）进行，根据公路等级及交通荷载等级，按照不同路基深度提出了不同的压实度标准，具体要求见表8-7。

表8-7　路基压实度要求（重型）

路基部位		路面底面以下深度（m）	压实度（%）		
			高速公路、一级公路	二级公路	三、四级公路
上路床		0～0.3	≥96	≥95	≥94
下路床	轻、中等及重交通	0.3～0.8	≥96	≥95	≥94
	特重、极重交通	0.3～1.2			—
上路堤	轻、中等及重交通	0.8～1.5	≥94	≥94	≥93
	特重、极重交通	1.2～1.9			—
下路堤	轻、中等及重交通	1.5以下	≥93	≥92	≥90
	特重、极重交通	1.9以下			

（二）静力触探试验

静力触探试验是用静力将探头以一定的速率压入土中，利用探头内的力传感器，通过电子量测器将探头受到的贯入阻力记录下来。由于贯入阻力的大小与土层的性质有关，因此通过贯入阻力的变化情况，可以了解土层工程性质。

静力触探试验可用于评价原状路基土及填筑体的深层路基土承载力，利用静力触探评价路基的承载力，主要靠岩土工程师的工程经验、地区经验并与载荷试验成果相比对，是一种经验意义上的承载力评价方式，检测深度应超过分层回填厚度，不小于1 m。

（三）浅层平板载荷试验

路基强夯后的路基承载力检测利用浅层平板载荷试验来进行。平板静载荷试验原理是保持强夯后路基土的天然状态，模拟设计要求的荷载条件，通过一定面积的承压板向路基施加竖向荷载，根据荷载大小与沉降量的关系，分析判定强夯处理后填筑体路基的承载力特征值。平板载荷试验依据标准为《建筑路基处理技术规范》（JGJ 79—2012）附录A的有关规定，结合各点载荷试验p-s曲线及s-l gt曲线等综合判定承载力，对于夯实路基载荷板面积不宜小于2 m^2。

（1）试验加荷装置：采用油压千斤顶加荷，千斤顶反力可采用配重块解决，也可采用现场强夯机作为配重解决。

（2）试验基坑宽度不应小于承压板宽度或直径的3倍，应保持试验土层的原装结构和天然湿度，宜在拟试压表面用粗砂或中砂层找平，其厚度不超过20 mm。

（3）荷载与沉降的量测仪表：荷载用联结于千斤顶的油压表测定油压，根据千斤顶检定曲线换算荷载；垂直位移采用精度为0.01 mm百分表量测。

（4）试验加荷方式：采用慢速维持荷载法，逐级加载，每级荷载达到相对稳定后加下一级荷载。

（5）加载与沉降观测。

加载分级：每级加载量为设计承载力特征值的2倍的1/10。试验可分10级加载，最终荷载加至设计承载力特征值的2倍。

沉降观测：每级加载后测读一次，间歇10 min、10 min、10 min、15 min、15 min各测读一次，以后每隔30 min测读一次，每次测读值计入试验记录表。

沉降相对稳定标准：每小时的沉降不超过0.1 mm，并连续出现两次，认为已达到相对稳定，可加下一级荷载。

终止加载条件：当出现下列情况之一时，即可终止加载：承压板周围的土明显地侧向挤出；某级荷载作用下，24 h内沉降速率不能达到稳定；沉降量与承压板宽度或直径之比大于或等于0.06；满足其中一条时，其对应的前一级荷载定为极限荷载。

（6）承载力特征值的判定：当压力沉降p—s曲线为平缓的光滑曲线时，取 s = 0.010～0.015 d（具体视压实质量及工程特点综合确定）所对应的荷载值，且不大于最大加载量的1/2。

（四）探井开挖及室内土工试验

路基强夯处理效果的检测可采用开挖探井采取原状土试样进行土工试验，室内土工试验提供的参数包括含水量、比重、天然密度、干密度、孔隙比、饱和度、液限、塑限、压缩系数、压缩模量等常规物理力学参数，通过参数对比，判定强夯处理加固效果。

（五）动力触探试验

动力触探试验是把一定规格的落锤按规定的落距将探头贯入规定深度，则锤击数N值的大小就可反映动贯入阻力的大小，这是依据打入土中的难易程度判断土层的工程性质的一种测试方法，实际中经常使用贯入土层一定深度的锤击数作为圆锥动力触探的指标。

动力触探有四种类型：轻型动力触探，用于贯入深度小于4 m的一般黏性土与黏性素填土；重型动力触探，用于砂土与碎石土；超重型动力触探，用于加固后的碎石或埋深和厚度较大的碎石土；标准贯入试验，用于砂土、粉土或一般黏性土，用于评价砂土密实度、粉土及黏性土强度和变形参数。动力触探试验的设备相对较简单，操作方便，适应土类范围较广，还可以连续贯入；但是，其试验误差较大，再现性也差，适用于难以取样的各种填土、砂土、粉土、碎石土、砂砾土、卵石以及砾石等含有粗颗粒的土类。

（六）标准贯入试验

标准贯入试验是动力触探试验的一种，把动力触探试验的圆锥头更换为标准贯入器，就称作标准贯入试验。试验过程中，把标准贯入器打进土中 30 cm 深度处的锤击数定为实测击数 N63.5，试验后绘制标准贯入曲线。

标准贯入试验主要适用于砂土与黏性土，用 N63.5 来判断砂土密实度，黏性土与粉土的稠度，估计土的强度和变形指标，确定路基土体的承载力，评估砂土和粉土的振动液化；还可以划分土层的类别，确定土层剖面，取扰动土试样开展一般的物理性试验，用来对岩土工程路基加固处理进行设计和效果检验。

（七）十字板剪切试验

十字板剪切试验是原位测量软黏土不排水抗剪强度的方法，测得的抗剪强度值与试验深度处土层原位压力下固结的不排水抗剪强度相当。由于此试验不需采集土样，也就不会扰动土样，是有效的现场测试方法之一。依据十字板仪的不同，十字板剪切试验分为普通十字板与电测十字板。依据贯入方式的不同，分为预钻式十字板剪切试验与自钻式十字板剪切试验；从技术发展和使用方便角度来考虑，自钻式电测十字板仪优势较为明显。

我国沿海软土地区应用十字板剪切试验较多。其适用于灵敏度低于 10 的均质饱和软黏土。对于夹有薄层粉砂的不均匀软黏土土层，使用十字板剪切试验会造成较大误差；对硬塑黏性土和含有砾石杂物的土体不宜采用此法，否则会损伤十字板头，因此在使用时要谨慎。

（八）旁压仪试验

旁压仪试验是在现场钻孔进行的一种水平向的载荷试验。其具体方法是把一个圆柱形的旁压器放到钻孔内设计标高处，加压使旁压器横向膨胀，依据试验得到的数据可得到钻孔横向扩张的体积-压力关系曲线或者应力-应变关系曲线，由此可以估算路基承载力，测定土体强度系数、变形系数、基床系数、基础沉降等。旁压仪试验分为预钻式和自钻式两种。预钻式用于可塑的粉土、黏性土以及密度较大的砂土等路基，自钻式适用于黏性土和粉土等路基。

（九）波速试验

由于土中纵波波速受含水量影响，不能真实地反映土体的动力特性，因此通常测试土中的剪切波速。其测试方法主要有单孔法、跨孔法和面波法。此法以弹性理论为依据，通过测量土体中弹性波的速度、振幅和频率等，进行加固效果的测定并评价土体的工程特性。一般来说，介质的密度越高、结构越均匀、弹性模量越大，那么弹性波在此介质中的传播速度越快，该介质的力学特性就越好。因此，弹性波的传播速度一般能够反映材料的力学性质和工程性质。

二、有效加固深度的判定标准

各地的设计单位的习惯、经验不同，对路基处理后的质量检验指标也不一样，一般按设计要求而定。考虑到路基本身的不均匀性和测试指标的离散性以及工程中的实用性和判断结果的可靠性，有效加固深度的判断应采取两种以上的方法。黄河三角洲地区试验工作的检测手段依据设计要求确定，主要有静载荷试验、静力触探试验、重型动力触探试验、室内土工试验、土的击实试验等。在实际工程中应结合各检测试验结果综合判断路基承载力和有效加固深度。

静力触探试验或重型动力触探试验主要用于深层路基土的承载力评价，有效加固深度的判定标准为夯后的触探头贯入阻力平均值大于夯前触探头贯入阻力的深度。静载荷试验在强夯后的路基表层进行，采用浅层平板载荷试验方法，提供浅层路基土的承载力特征值和沉降参数，夯后的承载力特征值、沉降值应满足设计要求。室内土工试验主要采取不扰动试样进行常规土工试验，试验提供设计需要的物理力学性质指标。有效加固深度的判定标准为夯后的压缩系数平均值不大于夯前的压缩系数，夯后的孔隙比平均值不大于夯前的孔隙比，压实系数达到设计要求的深度。

第六节 黄河三角洲地区济东高速公路
粉土路基强夯处理研究

一、工程概况

济东高速公路西起济阳西枢纽立交东至东港高速主线收费站，全长 162.381 km，路基设计宽度 28.0 m，路基断面组成为中央分隔带宽度 3.0 m，左侧路缘带宽度 2 m×0.75 m，车辆行驶车道宽度 2 m×（2 m×3.75 m），路基右侧硬路肩宽度 2 m×3.5 m，土路肩宽度 2 m×0.75 m，如图 8-5 所示。

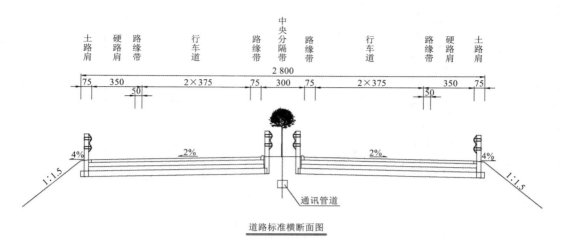

图8-5　道路标准横断面图

　　该高速公路粉土路基处理段处于黄河冲积平原区，地势平坦，河滩高地、河间洼地交错分布，粉土、粉质黏土互层发育，土层结构及分布范围差异较大，地下水位高，路基压缩性大。该区域内的路基施工多为填方路基，填筑高度范围为3～6 m，填筑材料多为粉土，由于特殊的土质结构，土颗粒易松散，压实效果差，毛细作用强烈，孔隙水易在路基中沿孔隙上升聚集，导致冬季易发生冻胀、春季易出现翻浆等道路问题，缩短了道路正常使用寿命。强夯法能有效解决粉土孔隙度大、压实效果差的问题，但由于强夯控制标准方法与指标和现有路基质量控制指标存在出入，该工法在道路路基处理中一直存在质疑，因此强夯技术并未在路基施工中得到广泛应用，限制了该技术在填方路基、特别是粉土路基施工中的发展和应用。

　　东营港收费站西侧某路段地势低洼，需进行路基填筑，填筑高度约4 m，填筑材料以当地粉质土为主，填土具有粉粒含量高、黏粒含量低、颗粒磨圆度高、分选度高、级配不良、孔隙率高等特点。为保证路基质量，明确填土土力学性质，对试验段路基填土进行土工试验，通过界限含水率试验，测定试验段填土液限为30.2%，塑限为21.3%，塑性指数8.9；通过颗分试验，测定粒径<0.075 mm占比为90.3%，粒径0.075～0.25 mm占比为9.7%，综合判定该填土为粉土；通过击实试验（重型），得到含水率与干密度关系曲线（图8-6），测定试验段填土最大干密度为1.81 g/cm³，最佳含水率为13.8%。

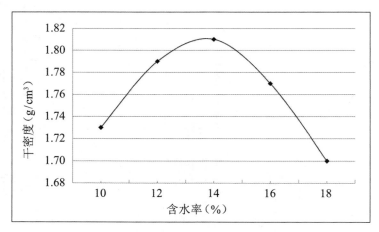

图8-6　含水率与干密度关系曲线

通过承载比（CBR）试验，得到干密度与CBR关系汇总表（表8-8），可知该填土作为填筑材料，能够满足规范设计要求。

表8-8　干密度与CBR关系汇总表

标准压实度（%）	实测干密度（g/cm³）	实测CBR（%）	规范设计标准CBR（%）
93	1.68	10.8	5
94	1.70	12.1	5
96	1.74	14.5	8

二、处理方案

强夯参数的选择对于夯实效果至关重要，为保证夯实效果，需确定强夯有效加固深度、夯击点布置、夯击能量、夯击次数、夯击遍数、夯击间隔时间等参数，根据这些设计参数的要求制订相应的强夯处理方案。

依据本地区强夯路基处理经验，夯点采用梅花型布点方式布置，具体布置方式如图8-7所示。为保证夯击能有效作用于强夯土体，能量波在土体中进行有效传递，将夯锤直径长度的1.2～2.2倍作为相邻夯点间距，夯点间距暂定3.2 m，强夯间隔时间为一周。

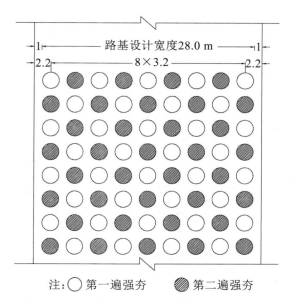

注：〇 第一遍强夯　▨ 第二遍强夯

图8-7　梅花型强夯夯点布置图

基于该工程的实际应用，拟加固深度为4 m，为浅层加固，依据《建筑路基处理技术规范》（JGJ 79—2012），单击夯击能采用1 500 kN·m，满夯夯击能采用800 kN·m。

表8-9　强夯的有效加固深度

单击夯击能 E（kN·m）	有效加固深度（m）	
	碎石土、砂土等粗颗粒土	粉土、粉质黏土等细颗粒土
1 000	4.0～5.0	3.0～4.0
2 000	5.0～6.0	4.0～5.0
3 000	6.0～7.0	5.0～6.0
4 000	7.0～8.0	6.0～7.0

通过现场试验，当路基填筑4 m高粉质土时，强夯10击后路基的沉降量平均为103.6 cm，各单击点土体沉降差异较小，相同击数下沉降量基本一致，说明填筑粉土土质均一性较好。各夯点在8～10击时，最后两击夯沉差小于5 cm，且未发生提锤困难、夯锤周围土体明显凸起等现象，确定最终确定止夯击数为10击，具体参数如图8-8所示。

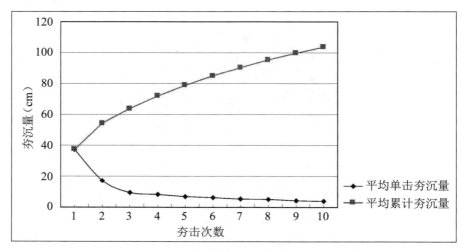

图8-8　夯击次数与沉降量关系图

通过地区经验、规范参数及现场试验，最终确定4 m高粉土路基强夯施工工艺参数如表8-10所示。其施工顺序如下：粉土路基填筑完成后，用光轮压路机静压两遍整平场地。路基两侧设置临时排水措施，在居住区、建筑物密集区设置防震沟，采用1 500 kN·m夯击能单点夯击10次，依据设计图纸隔点隔行跳夯施打。点夯完成后，用光轮压路机整平路基表面，采用800 kN·m夯击能进行面夯，整体夯击两次。面夯完成后，使用振动及光轮压路机压实，按设计坡度将路基整平为路拱，进行后续检验检测工作。

表8-10　强夯处理工艺参数

布点方式类型	夯击能 kN·m	夯锤直径 m	最佳击数 次	夯点间距 m	有效加固深度 m	止夯标准 cm	夯击间隔时间 d
梅花型	1 500	2.2	10	3.2	4	≤5	≥7

三、处理效果分析

强夯处理后的路基加固强度在空间上并不均匀，且强夯施工质量验收标准与路基设计施工规范检验指标不一致，限制了强夯技术在黄泛区粉土填筑路基上的应用，因此强夯路基处理效果的检验便成为关键，本节主要从以下四个方面对夯实效果进行论述。

（一）路基压实度分析

现行路基质量检验标准主要依据《公路路基施工技术规范》（JTG/T 3610—2019）进行，根据公路等级及荷载等级，按照不同路基深度提出了不同的压实度标准，具体要求如表8-7所示。

为研究强夯后路基压实度的分布规律，在夯锤中心、夯锤轮廓及夯锤外侧（距夯锤中心2.3 m）三处不同深度进行多次取样实验，取样位置如图8-9所示，得到不同位置、不同深度处路基压实度汇总表（表8-11），根据实验数据绘制压实度曲线（图8-10）。

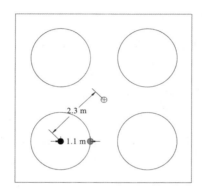

图8-9　压实度取样位置图

表8-11　路基压实度汇总表

深度 （m）	初始压实 度（%）	夯锤中心压实度 （%）		夯锤轮廓压实度 （%）		夯锤外侧压实度 （%）	
		点夯	面夯	点夯	面夯	点夯	面夯
0.4	78	95	97	92	96	90	96
0.8	79	94	98	93	96	90	96
1.2	78	93	95	92	95	90	95
1.6	77	93	96	91	95	91	94
2.0	79	94	95	93	96	92	93
2.4	80	92	94	92	94	90	94
2.8	87	94	94	92	93	92	92

注：路基的沉降量平均为103.6 cm，初始压实度按照修正后标高计算。

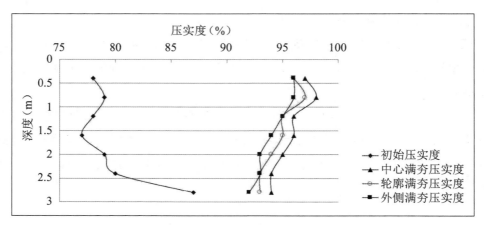

图 8-10 路基压实度曲线

根据实验数据可知，强夯后路基在 4 m 深填土范围内土体压实度都有显著提高，整体压实度在 92%～98%，上部 0.8 m 范围内压实度大于 96%，越靠近路基表面加固效果越好。就位置而言，夯锤中心压实度＞夯锤轮廓＞夯锤外侧，夯锤外侧距夯锤中心 2.3 m 处，为两夯锤之间最远距离，该点压实度依然满足规范要求，说明强夯有效作用半径大于 2.3 m，3.2 m 的夯点间距是有效可行的。通过压实度曲线可知，强夯路基压实度依然存在空间不均匀性的问题，但整体压实效果符合公路路基设计及验收规范标准。

（二）路基回弹模量分析

满夯完成路基整平后，依据《公路路基路面现场测试规程》（JTG 3450—2019）要求，对路基不同位置进行回弹模量检测，检测结果如表 8-12 所示。

表 8-12　路基各测点处回弹模量汇总表

位置	路基中线处回弹模量（MPa）	路基中线与路肩中间处回弹模量（MPa）	路基路肩处回弹模量（MPa）	平均
夯锤中心	52.78	51.23	49.04	
夯锤轮廓	51.94	50.17	45.55	
夯锤外侧	49.21	48.35	42.29	
平均	51.31	49.91	45.62	

对于重、特重交通公路，土基回弹模量应大于 40 MPa，从实验结果来看，夯实后的路基各点均满足规范要求。从同一夯点的中心、轮廓及外侧的回弹模量值可以看出，中心好于外侧，与压实度反映的规律一致，但整体而言这一区域范围内的回弹模

量值差异性不大，说明在夯击能的作用下土体得到了有效加固，强夯加固在粉土路基填筑施工中是可行的。另外，从路基中线、中间及路肩处的数据规律可以看出，路肩的回弹模量值明显偏低，这可能是由于路肩处土体缺少外侧土体的支撑与挤压，侧限强度不足而导致的路基强度相对较弱。

（三）路基承载力分析

在填土整平后，进行初始静力触探试验（标高按照夯击后总沉降量进行修正），在完成 10 击点夯整平路基后，在夯锤中心、轮廓及外侧进行静力触探试验，根据实验数据绘制静力触探曲线，如图 8-11 所示。

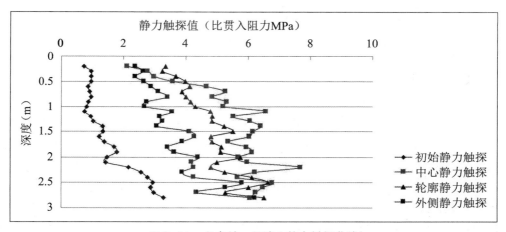

图 8-11　点夯前、后填土静力触探曲线

通过静力触探比贯入阻力数值可知，在有效加固深度范围内，强夯后路基承载力得到明显提升，而在路基表面 0.4 m 深度范围内，点夯后夯锤中心承载力反而小于轮廓处及外侧，这可能是由于夯锤在提落过程中，表层土受到扰动，土颗粒排列不密实，土体发生松散，夯实效果反而受到一定影响和破坏。因此，在点夯后需进一步进行满夯及整平处理，压实路基表层土，进一步提升夯击效果。

（四）路基工后沉降量分析

为了进一步验证夯实效果，对强夯路段及常规分层碾压路段进行了路基顶面沉降观测，整理约一年的沉降观测数据，绘制路基顶面沉降量曲线（图 8-12）。

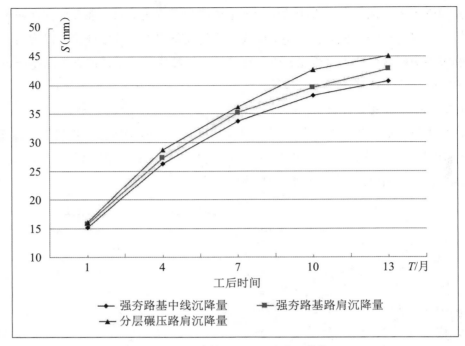

图 8-12　路基顶面工后沉降量曲线

根据沉降量曲线可知，路基总沉降量为 4.0 cm～4.5 cm，随着时间的推移，各点的沉降量逐渐变小，沉降趋势趋于闭合，路基沉降趋于稳定。在强夯加固路基段，道路中线处沉降量最小于路肩处沉降量，与回弹模量分布规律一致。强夯加固路基的工后沉降量低于分层碾压加固路基，夯实效果较好。以上检测检验结果表明，强夯路基处理可以明显地提高路基填土的压实度、承载力以及抗变形能力。

四、经验总结

在粉土填筑路基施工时，强夯法可在短时间有效改善土体的工程力学性质，通过该工程实践可得出以下结论。

（1）在试验段前应通过土工实验明确填土的工程力学指标，根据实验数据确定填土是否符合填筑要求。

（2）通过地区经验、规范参数及现场试验等手段，明确强夯路基处理参数，该工程中夯点采用梅花形布置，在 1 500 kN·m 夯击能作用下，有效加固深度约为 4 m，夯点间距 3.2 m，有效作用半径约为 2.3 m。

（3）强夯施工完成后，严格按照路基施工质量控制标准进行检验，压实度、回弹模量满足规范要求，路基承载力大幅提升，强夯路基工后沉降优于分层碾压路基。

第九章

≪≪≪ 刚性桩（管桩）复合路基

第一节　概述

黄河三角洲冲（淤）积平原地区地层主要为第四系冲积成因的黏性土、粉土和砂土，上覆一定厚度杂填土，基岩埋藏较深，通常在数百米以下，地表 30 m 深度所能涉及范围内的地层通常为黄河三角洲冲（淤）积和海陆交互相沉积。此外，随着城市港口码头、工业厂房建设用地的需要，临海地区出现大面积的陆域吹填场地，临沟、塘、养殖池等场地上部出现换填场地。

软土路基上桥头段往往沉降大，形成桥面和路面的高差，产生"桥头跳车"现象。采用水泥土搅拌桩等方法处理桥头段软土路基，对于深厚的软土路基，其加固深度受到限制。

采用刚性桩（管桩）复合路基具有施工质量易控制、施工速度快、工后沉降及不均匀沉降小、路基处理深度大、路基承载力大、造价适中等特点，在高速公路软基处理中得到广泛的重视并得到广泛应用。

第二节　管桩复合路基的设计

一、刚性桩（管桩）长度的确定

刚性桩路基上覆荷载 q（kPa）取值一般包括填土重量、路面结构重量和路面活载：

$$q = \gamma_s h_s + \gamma_c h_c + q_l \tag{9-1}$$

式中，γ_s——填土容重（填土取 18 kN/m²，填石取 20 kN/m²）；

h_s——填土高度；

γ_c——路面结构层容重（平均取 22 kN/m²）；

h_c——路面结构层厚度；

q_l——路面活载，取 24 kPa（或者按路面设计荷载取值）。

刚性桩长度须到达持力层，并穿透高压缩性软弱下卧层，否则须对下卧层进行工后沉降验算。

黄河三角洲地区桩端持力层一般为柔性持力层时，刚性桩桩长的初始值按下式确定：

$$l=l_s+30D^2 \tag{9-2}$$

式中，D——桩径；

l_s——软土层底面深度。

这仅是初始值，设计桩长最终值要计算桩端刺入值及工后沉降值，计算值不大于相应规范规定的允许值。进入持力层的深度须与桩身截面的承载力协调。

当采用静压沉桩或锤击成桩工艺时，刚性桩桩长以压桩力为施工控制标准，压桩力N根据最终设计桩长按下式确定：

$$N=\pi D\sum\xi_i q_{sik}l_i+K_e\left[\delta_e\right] \tag{9-3}$$

式中，D——桩径；

ξ_i——桩侧第 i 层土的侧阻力残余值与峰值的比值，砂性土取 0.9，黏性土取 0.8；

q_{sik}——桩侧第 i 层土的极限侧阻力标准值，按《建筑桩基技术规范》（JGJ 94—2008）规定取值；

l_i——桩侧第 i 层土的土层厚度；

K_e——桩端持力层基床系数；

$\left[\delta_e\right]$——桩端刺入允许值。

若持力层标高有起伏，可以设计不同桩长迎合持力层的深度变化。

二、刚性桩间距与截面的确定

在软土路基中，因路基荷载面积较大，桩间土分担的荷载难于向路基外扩散，而是将以负侧摩阻力形式返回桩体，又因刚性桩与软土的刚度相差悬殊，土体通过中性区或中性面向下传递的竖向荷载十分有限。在设计刚性桩截面及验算截面强度时可认为桩体承担全部路基上覆荷载。

当持力层为柔性持力层时，单桩分担路基面积 A 的计算初始值按下式计算：

$$A=(F_b+K_e\left[\delta_e\right])/q \tag{9-4}$$

式中，Fb——软弱压缩层底面至桩底的桩侧极限摩阻力总和，与桩径及进入持力层深度相关，可参照《建筑桩基技术规范》（JGJ 94—2008）进行计算；

　　　　K_e——桩端持力层基床系数；

　　　　$[\delta_e]$——桩端刺入允许值；

　　　　q——路基上覆荷载。

当持力层为柔性持力层时，最终设计的单桩分担路基面积 A 应按9.2.5节计算桩头刺入、桩端刺入及工后沉降，计算值不大于规定的允许值。

最终，设计的单桩分担路基面积 A 及相应桩间距还应满足成拱要求。在满足成拱前提下，从经济性考虑，宜采用大间距长桩。因为中性区或中性面以上的全部桩长属于圬工，对承载力没有贡献，而持力层的嵌入长度则显著影响承载力。

桩体截面的竖向承载力须满足下式要求：

$$\frac{(A_p-A_g)+\sigma c+A_g\sigma_g}{A_p-\sigma_p(z_m)}\geq K_{pv} \tag{9-5}$$

式中，A_p——桩截面积；

　　　　σ_c——混凝土设计标号对应的无侧限棱柱体水下混凝土抗压强度设计值；

　　　　A_g——主筋面积；

　　　　σ_g——主筋抗压强度设计值；

　　　　σ_p——中性区内或中性面上桩截面的平均竖向应力，当持力层为刚性持力层时根据桩体与软弱层的刚度比计算桩截面的平均竖向应力；

　　　　z_m——中性面深度；

　　　　k_{pv}——桩体截面竖向承载力安全系数，预制桩取1.2；

桩径不宜小于0.4 m，以保障桩体质量的稳定性和一定的截面压弯刚度。

在确定了单桩分担路基面积后，桩间距按下式计算：

$$B=\begin{cases}\sqrt{A}（正方形布桩）\\1.52\sqrt{A}（正三角形布桩）\end{cases} \tag{9-6}$$

式中，B——桩间距；

　　　　A——单桩分担路基面积。

在不影响桩帽设计的情况下，饱和软土地区的挤土桩宜采用长而稀的布桩原则，以尽量降低挤土效应对毗邻工程桩及桥涵基础的威胁。

在单桩分担面积相等下，正三角形布桩的桩间距是方形布桩的1.5倍，所以挤土刚性桩宜采用三角形布桩。在饱和软土地区，挤土桩的桩间距不宜小于5倍桩径。

三、桩帽设计

刚性桩和桩帽的耐久性应满足《混凝土结构设计规范》（GB 50010—2010）要求。

在初步设计桩帽面积时，忽略桩帽间土体分担的竖向荷载，初始值可能偏大。桩帽面积 A_h 的计算初始值按下式确定：

$$A_h = \frac{qA}{\alpha_0 [\sigma_t]} \tag{9-7}$$

式中，A——单桩分担路基面积；

q——路基上覆荷载；

α_0——为垫层反力系数；

$[\delta_t]$——桩顶刺入允许值。

桩帽面积对应的路堤填土承载力应与桩身截面承载力协调，面积过大不仅会急剧增加其造价，而且会加大偏压弯矩，容易引起桩帽与桩头脱离。所以桩帽面积不宜大于4倍刚性桩桩截面积。

为了防止土工织物被刺破或拉断，并降低桩间土体的侧向滑动力，桩顶或桩帽的刺入量不宜过大。在最终设计单桩分担面积、桩径、桩长及桩帽面积时，桩帽刺入应满足下式的变形控制：

$$\delta_t \leq [\delta_t] \tag{9-8}$$

式中，δt——桩顶刺入计算值；

$[\delta_t]$——桩顶刺入允许值。

桩帽之间的净间距应满足填土的成拱要求。桩帽顶面可以采用正多边形或圆形，立面可以采用喇叭形或台阶形，正多边形的边须与路基中线平行。桩帽主筋须按钢筋施工规范焊接或锚入工程桩。在设计配筋计算弯矩时，桩帽按自由板考虑，桩帽与垫层之间、桩帽与桩头之间的作用力按均布压力考虑。

四、褥垫层设计

在桩帽强度达到设计标号70%之后，才能开始铺设垫层，垫层材料应为级配碎石砂或中粗砂。在土工织物下垫层厚度为 0.3～0.5 m，垫层须密实，顶面须平整，即 1 m² 内凹凸差值小于 15 mm。当刚性桩路基作为桥涵过渡段时，垫层须呈楔形铺设，靠桥涵基础一端厚度为 0.3 m，靠普通路基一端厚度为 0.5 m。

在土工织物上的垫层厚度应按路堤填料确定，当填料为土体时，土工织物上面垫层厚度宜不小于 0.2 m，当填料为块石时，土工织物上面垫层厚度应不小于 0.5 m。

刚性桩路基褥垫层必须铺设土工织物，填高 4 m 以上不少于 2 层，同时应满足路基稳定验算要求。当铺设多层土工织物时，层间间距为 0.2 m，以利于同步受力为佳。

在垫层密实度和平整度验收之后，才能进行铺设土工织物施工。土工织物必须横向铺设，纵向搭接宽度不小于 0.3 m，土工织物表面须平整。在土工织物验收之后，才能进行填土施工。

五、刚性桩路基沉降计算

刚性桩路基总沉降由桩顶刺入、桩体压缩、桩端刺入和下队层压缩等四部分组成。

$$s = \delta_t + \delta_e + \delta_p + s_b \tag{9-9}$$

式中，s——路基总沉降；

δ_t——桩顶刺入；

δ_e——桩端刺入；

δ_p——桩体压缩量，可以忽略；

s_b——桩端下卧层压缩量，把桩土视为一个整体无限长条形基础，按深埋基础并参照《建筑路基基础设计规范》（GB 50007—2011）中的分层总和法计算沉降值。

桩顶刺入允许值 $[\delta_t]$ 和桩端刺入允许值 $[\delta_e]$ 按下式确定：

$$[\delta_t] = 0.02b \tag{9-10}$$

$$[\delta_e] = \begin{cases} 0.05D & （柔性持力层） \\ 0.01D & （刚性持力层） \end{cases} \tag{9-11}$$

式中，b——桩帽宽度或桩帽直径；

D——桩身直径。

刚性桩路基工后沉降允许值 $[s_r]$ 按如下规定取值：

一般软土路基：$[s_r] = 0.30$ m；

过渡段路基端：$[s_r] = 0.30$ m；

过渡段桥涵端：$[s_r] = 0.005L_t$，L_t 为塔板长度，无塔板时 $[s_r] = 0.03$ m。

六、刚性桩路基稳定检算

刚性桩路基稳定性验算应桩土分离，分别进行土体抗滑与桩体抗弯验算。土体抗滑验算仍采用圆弧条分法，但在计算下滑力时含桩单元须扣减滑动面处的桩体轴力，在计算抗滑力时含桩单元须增加桩体水平抗力。桩体水平抗力及其最大弯矩应按弹性路基梁理论进行计算，并进行截面抗弯验算。

刚性桩路基稳定性验算应包括四部分内容：土体抗滑，桩体抗弯，土工织物抗裂，桩帽抗弯抗剪。后三者属于结构受力分析，这里仅指刚性桩路基土体稳定性验算。

按桩土分离，计算土体的抗滑稳定，求下滑力时扣减桩体滑面处轴力，求抗滑力时增加桩体水平抗力。刚性桩路基稳定验算采用圆弧条分法，如图9-1所示，即计算圆弧滑动体抗滑力矩与下滑力矩比值k_f。

计算过程须搜索滑动圆心O及半径R，求滑动稳定系数最小值k_f，稳定系数k_f不小于1.25。

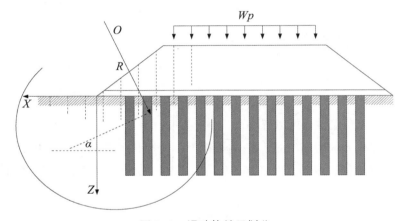

图9-1　滑动体单元划分

假定滑动圆，划分滑体单元，计算抗滑力矩与下滑力矩比值k_f：

$$k_f=\frac{\sum M_f+\sum M_c+\sum M_p+\sum M_{gt}}{\sum M_w} \quad (9-12)$$

式中，M_f——单元摩擦力矩；

M_c——单元黏结力矩；

M_p——桩体水平抗力矩，单元不含桩或滑动面没有切过桩体取零；

M_{gt}——土工织物抗剪力矩；

M_w——下滑力矩。

其中，各个分力矩按下式计算：

$$M_f=W_v\cos a\times\tan\varphi \quad (9-13)$$

$$M_c=((A-A_p)/\cos\alpha)\times C \quad (9-14)$$

$$M_p=(Z_{op}/R)\times F_p \quad (9-15)$$

$$M_{gt} = Y \times Q_{gt} \qquad\qquad (9-16)$$

$$M_w = W_v \sin\alpha \qquad\qquad (9-17)$$

式中，W_v——单元换算净重；

　　　α——滑面倾角；

　　　φ——滑面摩擦角；

　　　C——滑面黏结力；

　　　F_p——单桩水平抗力；

　　　Z_{op}——F_p 与滑动圆心垂直距离；

　　　Q_{gt}——土工织物单位长度的极限抗剪力；

　　　R——滑动圆半径；

　　　Y——单元纵向宽度。

第三节　管桩复合路基的施工

在黄河三角洲软土地区一般采用锤击和静压工艺沉桩。在选用施工机械时不能对施工现场周围居民正常生活产生不良影响。锤击法施工产生的噪声污染严重，振动和噪声污染会对施工现场周围居民正常生活产生不良影响，导致扰民，使施工无法正常进行，故不宜在居民区附近采用锤击打桩机械施工。

采用静压管桩和锤击管桩等挤土桩型时，须考虑挤土效应对已施工工程桩、桥涵基础、地下管线和周边既有建筑的影响。搭接过渡段路基的刚性桩施工必须在桥台或涵洞基础施工之前完成。

一、施工准备

路基工程刚性桩施工前要具备以下资料：路基场地岩土工程勘察报告；桩基工程施工图及图纸会审纪要；路基场地和邻近区域内的地下地上管线、地下构筑物、危房、精密仪器车间等的调查资料；主要施工机械及其配套设备的技术性能资料；桩基工程的施工组织设计；有关荷载、施工工艺的试验参考资料。

沉桩前必须处理空中和地下障碍物，场地应平整，排水应畅通，根据场地地质条件选择适应现场承载力与路基变形要求，能较好地满足设计要求的施工机械。

施工组织设计应结合工程特点，有针对性地制定相应质量管理措施，要包括下列内容：施工平面图，标明桩位、编号、施工顺序、水电线路和临时设施的位置；确定成孔机械、配套设备以及合理施工工艺的有关资料；施工作业计划和劳动力组织计划；机械设备、备件、工具、材料供应计划。

桩基施工时，在安全、劳动保护、防火、防雨、防台风、爆破作业、文物和环境保护等方面应按有关规定执行；对挤土效应要求高的场地，无法避免需采用挤土效应明显的机械施工时，应对周边构筑物进行调查，分析评估打桩可能造成的影响，提出可行的防范措施。边构筑物强度较差时，宜对结构采取防护措施，避免发生意外，确保周边环境安全。当周边有浅基构筑物、道路、地下管线时，周边可挖隔振防挤沟，沟深应大于浅基或地下管线埋深，隔振防挤沟与周边构筑物净距不得小于 2.5 m；当与煤气管线距离小于 3 m 时，宜挖开并架空煤气管道。当周边有深基或桩基构筑物时，宜根据周边构筑物变形监测情况，必要时，在场地与邻近构筑物之间（或在桩位上）预钻取土，一般深度为 1/3 桩长，以减小挤土效应。在淤泥土层中施工时，不仅应注意施工桩的质量，也要同时观察邻近桩的桩顶变化，可采取取土、隔离沟等减压或跳打措施，也可采取打砂井或塑料排水板措施，以消除超静孔隙水压力。

要有保证工程质量、安全生产和季节性施工的技术措施，成桩机械的计量仪表必须经鉴定合格。施工前应组织图纸会审，连同施工图等作为施工依据，并应列入工程档案。桩基施工用的供水、供电、道路、排水、临时房屋等临时设施，必须在开工前准备就绪，施工场地应进行平整处理，保证施工机械的正常作业。施工前应清除地表、地下的一切障碍物，并注意压桩施工是否影响空中高压电线等。基桩轴线的控制点和水准点应设在不受施工影响的地方，开工前，经复核后应妥善保护，施工中应经常复测。

用于施工质量检验的仪表、器具的性能指标，应符合现行国家相关标准的规定。雨季和大风天气施工时，应做好现场的排水，以及材料、电路的防水措施。大风天气时应做好机械设备的安全防护，并且根据有关规范要求执行。

二、管桩施工

在正式施工前应先试桩，会同设计单位选定 2～3 根桩进行试成孔，核对场地地质情况及桩基设备、施工工艺等是否符合设计图纸要求，确认施工工艺。同时，确定合适的桩长及桩节组合，避免大量截桩。

（一）桩的吊运堆放

混凝土设计强度达到 70% 及以上方可起吊，达到 100% 混凝土设计强度后方可运输。在吊运过程中应轻吊轻放，避免剧烈碰撞，保证安全平稳，保护桩身质量；水平运输时，应做到桩身平稳放置，严禁在场地直接拖拉桩体；出厂前应做出厂检查，其规格、批号、制作日期应符合所属的验收批号内容；单节桩可采用专用吊钩勾住桩两端内壁直接进行水平起吊；汽车运输时用长挂车，桩的悬臂不超过 1.0 m，在运输时，应该绑固，分层叠放并错位而置，最多不超过5层；管桩进场之前，应进行随机抽样检查，并附检查单，报监理工程师批准后方可进场。运至施工现场时应进行检查验收，严禁使用质量不合格及在吊运过程中产生裂缝的桩。

堆放场地应平整坚实，最下层与地面接触的垫木应有足够的宽度和高度。堆放时桩应稳固，不得滚动；按不同规格、长度及施工流水顺序分别堆放；当场地条件许可时，宜单层堆放；当叠层堆放时，外径为 300～400 mm 的桩不宜超过 5 层。

当桩叠层堆放超过 2 层时，应采用吊机取桩，严禁拖拉取桩。

（二）桩的连接

预制桩的接桩可采用焊接或机械快速连接。

焊接接桩：焊条宜采用 E43；并应符合现行行业标准《建筑钢结构焊接技术规程》（JGJ 81—2002）要求。

焊接时要符合以下要求：下节桩段的桩头宜高出地面 0.5 m 以上；下节桩的桩头处宜设导向箍，接桩时上下节桩段应保持顺直，错位偏差不宜大于 2 mm；接桩就位需要纠偏时，不得采用大锤横向敲打；桩对接前，上下端板表面必须清除桩端部的浮锈、油污等，保持干燥，用铁刷子将其清刷干净，坡口处应刷至露出金属光泽；焊接宜在桩四周对称地进行，待上下桩节固定后拆除导向箍再分层施焊；焊接层数不得少于两层，第一层焊完后必须把焊渣清理干净，方可进行第二层施焊，焊缝应连续、饱满；焊好后的桩接头自然冷却后方可继续锤击，自然冷却时间不宜少于 8 分钟；严禁采用水冷却或焊好即施打；雨天焊接时，应采取可靠的防雨措施；当气温低于 0℃或雨雪天、无可靠措施确保焊接质量时，不得焊接；焊接接头的质量检查，对于同一工程探伤抽样检验不得少于总数的 1%并且不少于 3 个接头；对于地下水有侵蚀性的地区或腐蚀性土层的钢连接，应按设计要求做防腐处理。

（三）锤击沉桩

桩帽或送桩帽与桩周围的间隙应为 5～10 mm；锤与桩帽、桩帽与桩之间应加设硬木、麻袋、草垫等弹性衬垫；桩锤、桩帽或送桩帽应与桩身在同一中心线上；桩插入时的垂直度偏差不得超过 0.5%。

对于密集桩群，自中间向两个方向或四周对称施打；当一侧毗邻建（构）筑物时，由毗邻建（构）筑物处向另一方向施打；根据基础的设计标高，宜先深后浅；根据桩的规格，宜先大后小、先长后短。打入桩（预制混凝土方桩、预应力混凝土空心桩、钢桩）的桩位偏差，应符合相关规范的规定。

桩终止锤击的控制：当桩端位于一般土层时，应以控制桩端设计标高为主，贯入度为辅。桩端达到坚硬、硬塑的黏性土以及中密以上粉土、砂土时，应以贯入度控制为主，桩端标高为辅；贯入度已达到设计要求而桩端标高未达到时，应继续锤击3阵，并按每阵10击的贯入度不应大于设计规定的数值确认。必要时，施工控制贯入度应通过试验确定。

当遇到贯入度剧变，桩身突然发生倾斜、位移或有严重回弹，桩顶或桩身出现严重裂缝、破碎等情况时，应暂停打桩，并分析原因，采取相应措施。

锤击沉桩送桩：送桩深度不宜大于2.0 m；当桩顶打至接近地面需要送桩时，应测出桩的垂直度并检查桩顶质量，合格后应及时送桩；送桩的最后贯入度应参考相同条件下不送桩时的最后贯入度并修正；送桩后，遗留的桩孔应立即回填或覆盖。

送桩器宜做成圆筒形，并应有足够的强度、刚度和耐打性。送桩器长度应满足送桩深度的要求，弯曲度不得大于1/1 000；送桩器上下两端面应平整，且与送桩器中心轴线相垂直；送桩器下端面应开孔，使空心桩内腔与外界连通；送桩器应与桩匹配。套筒式送桩器下端的套筒深度宜取250～350 mm，套管内径应比桩外径大20～30 mm；送桩作业时，送桩器与桩头之间应设置1～2层麻袋或硬纸板等衬垫。内填弹性衬垫压实后的厚度不宜小于60 mm。施工现场应配备桩身垂直度观测仪器（长条水准尺或经纬仪）和观测人员，随时量测桩身的垂直度。

（四）静压沉桩

采用静压沉桩时，场地路基承载力不应小于压桩机接地压强的1.2倍。

选择压桩机的参数时要考虑的内容：压桩机型号、桩机质量（不含配重）、最大压桩力等；压桩机的外形尺寸及拖运尺寸；压桩机的最小边桩距及最大压桩力；长、短船型履靴的接地压强夹持机构的型式；液压油缸的数量、直径；率定后的压力表读数与压桩力的对应关系；吊桩机构的性能及吊桩能力。

需要注意的是，最大压桩力不得小于设计的单桩竖向极限承载力标准值，必要时可由现场试验确定。

静力压桩施工的质量控制：第一节桩下压时垂直度偏差不应大于0.5%；宜将每根桩一次性连续压到底，且最后一节有效桩长不宜小于5 m；抱压力不应大于桩身允许侧向压力的1.1倍。

压桩过程中，应测量桩身的垂直度。当桩身垂直度偏差大于1%的时，应找出原因并设法纠正；当桩尖进入较硬土层后，严禁用移动机架等方法强行纠偏。

出现下列情况之一时，应暂停压桩作业，并分析原因，采取相应措施：压力表读数显示情况与勘察报告中的土层性质明显不符；桩难以穿越具有软弱下卧层的硬夹层；实际桩长与设计桩长相差较大；出现异常响声，压桩机械工作状态出现异常；桩身出现纵向裂缝和桩头混凝土出现剥落等异常现象；夹持机构打滑；压桩机下陷。

当桩较密集或路基为饱和淤泥、淤泥质土及黏性土时，应设置塑料排水板、袋装砂井消减超孔压或采取引孔等措施，并可按有关规范执行。在压桩施工过程中应对总桩数10%的桩设置上涌和水平偏位观测点，定时检测桩的上浮量及桩顶水平偏位值，若上涌和偏位值较大，应采取复压等措施。

三、桩帽施工

（一）基槽开挖

基槽开挖时应按以下规定执行：桩体强度达到设计强度的70%以上时，方可进行基槽开挖；基槽开挖施工顺序宜先深后浅；清土和截桩时，不得造成桩顶标高以下桩身断裂和扰动桩间土；基槽底面以上500 mm的土层应采用人工开挖，施工时严格控制标高，不得超挖，不得扰动基底土和桩间土；在基槽坡顶1.5 m宽度范围内不得堆土。

当地下水位较高需降水时，可根据周围环境情况采用内降水或外降水措施。挖到基槽底出现桩间土局部软化时，不得擅自处理，应报告设计单位处理。基槽开挖出现超挖后不得擅自回填处理，应报告设计单位处理。场地内弃土清运时，不得扰动未施工桩位的表面土层。

（二）桩头处理

如需要截桩，应有确保截桩后管桩质量的措施，严禁使用大锤硬砸，应先将不需要截除的桩身部用钢箍包紧，然后沿钢箍上沿凿槽切割，用锤打穿后，用气割法切断钢筋。

（三）现浇桩帽

基槽开挖和桩头处理施工结束后，及时进行桩体质量、完整性和桩基承载力的检验，报请监理验收合格后，才可进行桩帽的施工。在桩头位置地面以上按桩帽设计尺寸立模，按照设计要求绑扎钢筋，按照配合比浇筑砼并养护。

四、垫层铺设

桩帽上垫层须采用级配碎石或中粗砂找平，路基横向不得出现起伏，在垫层顶面整平和验收之后才能铺设土工织物。

（一）垫层施工

褥垫层的虚铺厚度按设计要求确定，铺设施工前基槽中应设立厚度控制的标尺，并妥善保护；褥垫层虚铺厚度达到要求后应整平。基础开挖时应避免坑底土层受扰动，可保留约200 mm厚的土层暂不挖去，待铺填垫层前再挖至设计标高。严禁扰动垫层下的软弱土层，防止其被践踏、受冻或受水浸泡。在碎石或卵石垫层底部设置150～300 mm厚的砂垫层或铺一层土工织物，以防止软弱土层表面的局部破坏，同时必须防止基坑边坡坍土混入垫层。垫层底面宜设在同一标高上，如深度不同，基坑底土面应挖成阶梯或斜坡搭接，并按先深后浅的顺序进行垫层施工，搭接处应夯压密实。垫层的施工方法、分层铺填厚度、每层压实遍数等宜通过试验确定。除接触下卧软土层的垫层底部应根据施工机械设备及下卧层土质条件确定厚度外，一般情况下，垫层的分层铺填厚度可取200～300 mm。为保证分层压实质量，应控制机械碾压速度。垫层施工应根据不同的换填材料选择施工机械。粉质黏土、灰土宜采用平碾、振动碾或羊足碾，中小型工程也可采用蛙式夯、柴油夯。砂石等宜用振动碾。粉煤灰宜采用平碾、振动碾、平板振动器、蛙式夯。矿渣宜采用平板振动器或平碾，也可采用振动碾。桩间土的填充找平宜采用小型夯实机具夯实；褥垫层的填筑要防止损坏桩帽。

粉质黏土和灰土垫层土料的施工含水量宜控制在最优含水量wop±2%的范围内，粉煤灰垫层的施工含水量宜控制在wop±4%的范围内。最优含水量可通过击实试验确定，也可按经验取用。灰土应拌和均匀并应当日铺填夯压。灰土夯压密实后3天内不得受水浸泡。粉煤灰垫层铺填后宜当天压实，每层验收后应及时铺填上层或封层，防止干燥后松散起尘污染，同时应禁止车辆碾压通行。

褥垫层铺设宜采用静力压实法，当基础底面下桩土的含水量较小时，也可采用动力夯实法，夯填度（夯实后的褥垫层厚度与虚铺厚度的比值）不得大于0.9。

当垫层底部存在古井、古墓、洞穴、旧基础、暗塘等软硬不均的部位时，应根据建筑对不均匀沉降的要求予以处理，经检验合格后，方可铺填垫层。

换填垫层施工应注意基坑排水，除采用水撼法施工砂垫层外，不得在浸水条件下施工，必要时应采用降低地下水位的措施。

当地下水位较高影响褥垫层铺设或者基础底面下桩间土的含水量较高影响褥垫层夯实时，应进行降水处理。夯实方法宜根据基础底面下桩间土的含水量情况，分别采用静力压实法或动力夯实法；对于较干的砂石材料，可适当洒水后再进行振动夯实。

褥垫层铺设夯实后，若粗颗粒的碎石沉陷明显而导致面层级配不均时，可在面层增补适量的粗颗粒碎石后，继续振压或夯实。

（二）土工织物铺设

按照设计要求铺设土工格栅，方向与搭接。铺设土工合成材料时，下铺路基土层顶面应平整，防止土工合成材料被刺穿、顶破。铺设时应把土工合成材料张拉平直、绷紧，严禁有折皱；端头应固定或回折锚固；切忌曝晒或裸露；连结时宜用搭接法、缝接法和胶结法，并均应保证主要受力方向的联结强度不低于所采用材料的抗拉强度。

垫层竣工验收合格后，及时进行路堤的填土施工。

第四节　质量检验

一、工程桩质量验

刚性桩成桩后、路基竣工验收前，在桩身强度满足试验荷载条件并宜在施工结束28天后进行多桩的复合路基承载力和桩身质量检验。

静载荷试验桩（点）的检验数量要求：端承型刚性桩路基载荷试验数量应为总桩数的1%，且每个单位工程中试验数量不少于3点；摩擦型刚性桩路基载荷试验数量应为总桩数的0.5%～1%，且每个单位工程中试验数量不应少于3点；设计有单桩承载力要求时，单桩载荷试验数量应为总桩数的0.5%，且每个单位工程中试验数量不应少于5根。

对于刚性桩的桩身质量，除对预留桩体混合料试件进行抗压强度等级检验外，还应采用低应变法进行现场检测。单位工程中，刚性桩低应变法检测数量应符合下列规定：端承型刚性桩检测数量不应少于总桩数的30%，且不得少于20根；摩擦型刚性桩检测数量不应少于总桩数的10%，且不得少于10根；当复合土层中存在淤泥等软弱夹层、成桩质量可靠性较低时，检测数量不应少于总桩数的20%，且不得少于10根。

当桩顶设计标高与施工场地标高相近时，基桩的验收应待基桩施工完毕后进行；当桩顶设计标高低于施工场地标高时，应待开挖到设计标高后进行验收；当施工标段范围较小时，宜一次性验收；当施工标段范围较大时，可分片区验收；刚性桩工程完工后，检验不合格且未经设计处理的工程，不得进入下一道工序的施工。

基桩验收应包括下列资料：岩土工程勘察报告、桩基施工图、图纸会审纪要、设计变更单及材料代用通知单等；经审定的施工组织设计、施工方案及执行中的变更单；桩位测量放线图及工程基线，包括工程桩位复核签证单；原材料的质量合格、质量鉴定书、配合比和复验报告等；半成品如预制桩、钢桩等产品的合格证；施工记录、隐蔽工程验收文件和桩位竣工图等，包括桩数桩位的改变、桩偏位实测情况和补桩、试桩位置等；成桩质量检查报告，包括桩顶标高、桩顶平面位置、垂直度偏差检测结果、桩径检查资料、桩身强度、低应变动力检测报告等；路基承载力检测报告；按设计要求进行的单桩、复合多桩路基承载力和单桩竖向承载力检验报告；基坑挖至设计标高的基桩竣工平面图及桩顶标高图；其他必须提供的文件和记录，包括质量缺陷、质量事故处理记录，还包括经审批的处理方案、施工记录；路基变形监测点预埋平面布置图，包括监测点保护措施。

二、桩帽工程检验和验收

（一）施工前的检验

当桩顶标高进行复核并且满足设计要求后才能进行桩帽的施工，不满足时要对桩进行接长或截桩的处理。

对砂、石子、水泥、钢材等桩帽原材料质量的检验项目和方法应符合国家现行有关标准的规定。

（二）施工检验

灌注混凝土前，对已安装模板的中心位置、尺寸，平面度和牢固性进行检验；按照桩帽的施工工序质量检查，应按有关规范制作试块。

（三）施工后检验

桩帽混凝土应进行28天的试块质量检验。

桩帽工程验收时应包括下列资料：桩帽钢筋、混凝土的施工与检查记录和混凝土强度报告；桩头与桩帽的锚筋、桩帽与场地轴线的距离、桩帽钢筋保护层记录；桩帽厚度、长度和宽度的测量记录及外观情况描述等。

桩帽的施工质量及检验要求按照表9-1规定的允许偏差项目和偏差检查频率方法的项目进行检查。

表9-1　桩帽施工的允许偏差和检查频率方法

项目	轴线偏位偏差	平面尺寸偏差	帽顶标高偏差	桩帽厚度偏差	钢筋间距偏差
允许偏差	±15 cm	±3 cm	±10 cm	±1 cm	±10 mm
检查方法	抽查2%经纬仪检查，纵横方向	抽查10%皮尺测量，以桩帽底部尺寸为准	抽查2%水准仪检查	抽查2%水准仪检查	抽查2%尺量检查

三、褥垫层工程检验和验收

（一）施工前检验

当桩帽顶以及现场的标高经复核并且满足设计要求后才能进行垫层的施工，不满足时要对桩帽进行调整的处理。

对垫层的填料、土工织物等材料质量的检验项目和方法要符合国家现行有关标准的规定。

（二）施工检验

垫层的填料每层的厚度以及质量必须进行检查，应在每层的压实系数符合设计要求后再铺填上层土。同时，土工织物的摆放方向、搭接长度进行检查。

对粉质黏土、灰土、粉煤灰和砂石垫层的施工质量检验可用贯入仪、静力触探、轻型动力触探或标准贯入试验检验；对砂石、矿渣垫层可用重型动力触探检验。同时，应通过现场试验以设计压实系数所对应的贯入度为标准检验垫层的施工质量。压实系数也可采用灌砂法、灌水法或其他方法进行检验。

检验垫层的施工质量时，取样点应位于每层厚度的2/3深度处。检验点数量，每50～100 m² 不应少于1个检验点；采用贯入仪或动力触探检验垫层的施工质量时，每分层检验点的间距应小于4 m。

（三）施工后检验

褥垫层可全部一次性验收，也可按实际需要分片区中间验收；未经检查合格的褥垫层，不得进行隐蔽验收和下一道工序的施工；同时，进行褥垫层的施工与质量检查记录及汇总，包括褥垫层骨料配合比、厚度与层顶标高、夯实施工及夯填度检查记录、土工织物搭接长度以及检验报告等。

四、安全措施

成桩机械的安装、使用、维修、检验检测、拆卸及设备用电安全等，要符合设备使用说明书要求，并应按现行行业标准《建筑机械使用安全技术规范》（JGJ 33—2015）、《施工现场临时用电安全技术规范》（JGJ 46—2023）和《施工现场机械设备检查技术规程》（JGJ 160—2016）等规定执行。

桩基机械操作工必须经过技术培训，并取得省级建设行政主管部门颁发的特种作业证后，方可上岗操作，严禁无证操作。

开工前，各岗位操作人员必须对成桩机械，特别是对桩架、紧固螺栓等安全装置进行安全检查，确认成桩机械性能良好，方可开工。

成桩机械在空旷场地作业应有防雷击措施，各种动力设备均应设置安全防护装置，并应配备专用的末级开关箱，不得将成桩机械本身的配电箱当作末级开关箱使用。

成桩机械移动时，应设置防止桩架倒塌的保护措施，确保设备移动平稳安全。

成桩施工时，若有高处作业的，应使用安全带等防止高处坠落的有效措施。

易引起粉尘的细料或松散材料应采用帆布等覆盖，作业人员配备必要的劳保防护用品。

施工现场的环境卫生和文明施工应按现行行业标准《建筑施工现场环境与卫生标准》（JGJ 146—2013）等规定执行。

第五节　工程案例

一、工程概况

该工程（图9-2）是东营市某高速路扩建——路基处理（PC）管桩施工部分，K11+915～ K11+967桩长为10 m，K11+967～K12+280桩长为12 m，K12+280～K12+335桩长为12 m。

图9-2　工程现场实景图

二、工程地质

（1）1层：素填土（Q_4^{ml}），以粉土为主，稍密～中密，局部含少量建筑垃圾，结构松散，土质不均匀；场区普遍分布，厚度1.00～1.30 m，平均1.15 m。

（2）2层：粉土（Q_4^{al}），黄褐色，湿，中密，摇振反应中等，无光泽反应，干强度低，韧性低；场区普遍分布，厚度2.20～2.70 m，平均2.45 m；层底标高1.04～1.30 m，平均1.19 m；层底埋深3.90～4.30 m，平均4.08 m。

（3）3层：粉质黏土（Q_4^{al}），黄褐色，软塑，摇振无反应，稍有光泽，干强度中等，韧性中等；场区普遍分布，厚度0.30～0.60 m，平均0.48 m；层底标高2.68～2.85 m，平均2.77 m；层底埋深2.40～2.60 m，平均2.50 m。

（4）4层：粉质黏土（Q_4^{al}），黄褐色，软塑～可塑，偶夹粉土薄层，摇振无反应，稍有光泽，干强度中等，韧性中等；场区普遍分布，厚度4.20～5.10 m，平均4.60 m；层底标高−3.82～−3.00 m，平均−3.41 m；层底埋深8.30～9.10 m，平均8.68 m。

（5）5层：粉土（Q_4^{al}），黄褐色～灰褐色，湿，中密～密实，夹粉质黏土薄层，摇振反应中等，无光泽反应，干强度低，韧性低；场区普遍分布，厚度7.10～7.30 m，平均7.18 m；层底标高−11.56～−11.45 m，平均−11.51 m；层底埋深：16.70～16.90 m，平均16.78 m。

（6）6层：粉质黏土（Q_4^{al}），灰褐色，软塑～可塑，摇振无反应，光滑，干强度中等，韧性中等；场区普遍分布，厚度0.50～1.40 m，平均0.93 m；层底标高−7.82～−5.86 m，平均−7.26 m；层底埋深11.20～13.00 m，平均12.53 m。

（7）7层：粉质黏土（Q_4^{al}），灰褐色，可塑，摇振无反应，光滑，干强度中等，韧性中等；在最大钻探深度20.00 m的范围内，该层未揭穿。

（8）8层：粉土（Q_4^{al}），灰褐色，湿，密实，摇振反应中等，无光泽反应，干强度低，韧性低；场区普遍分布，厚度1.10～1.60 m，平均1.30 m；层底标高−19.16～−18.80 m，平均−18.92 m；层底埋深24.10～24.50 m，平均24.30 m。

三、设计要求

（1）PC管桩施工时，严格按照《建筑路基处理技术规范》（JGJ 79—2012）有关规定执行。

（2）PC桩外径400 mm，壁厚95 mm，混凝土强度为C60，施工时按照"从内侧到外侧，每根桩先长桩后短桩"的顺序进行施工。PC管桩呈正方形角型布置，桩中心距2～3.75 m过渡，根据地质情况，桩长度在10～12 m范围内。

四、施工场地处理

施工前做好场内"三通一平"工作，满足施工要求，确保桩机行走施工、管桩运输、堆放的路基刚度要求。

五、施工放样

（1）施工轴线必须严格按设计坐标点引侧，并经多次复核后确认，施工现场轴线控制点位置应设在不受打桩作业影响的地方，并做好保护。

（2）根据设计的桩位图，按施工顺序将桩逐一编号，依桩号对应的轴线，按尺寸要求施放桩位，并设置样桩，供桩机就位定位。

（3）桩位桩放样允许误差1 cm，设置的样桩应打入与地平，周围撒上白灰或灰水以便查找，并在打桩前进行复核。

（4）施工区附近设4个以上不受打桩影响的水准点，以便控制送桩时桩顶标高，每根桩送桩后均须做标高记录。

（5）开工前应会同监理单位、复核样桩，同时办理隐检签证手续。

（6）施工时要每压一排桩，再复一排样桩，防止压桩挤土对桩位偏差的影响。

六、施工流程

放样→桩机就位→调平→吊桩→对点→静压沉桩→送桩到位→记录→移位。

七、施工操作

（1）压桩机安装就位，按需要的总重量配置压重。

（2）检查有关动力设备及电源等，防止压桩中途间断造成土体固结沉桩困难。压桩前认真检查管桩质量，如有质量问题不得使用。

（3）认真监视压力变化，如有突然上升或下降，应暂停压桩，待处理正常后方能继续压桩。

（4）详细做好压桩记录，在试桩过程中必须记录压桩力变化以及地层变化处的压力值。

（5）严格按施工图和编制的压桩顺序施工，已压过的桩应在桩位编号图上标志以免漏桩。

（6）压桩过程设双向经纬仪成90°，确保压桩垂直度偏差以及上下节桩中心线偏差不超过规范要求。

八、验收

施工过程应进行中间验收（图9-3），对每道工序严格按照操作要求进行，以工序质量保证工程质量。

图9-3　工程验收实景图

参考文献

［1］李春忠，高向阳. 黄河三角洲地区地基处理技术与工程实践［M］. 济南：山东大学出版社，2019.

［2］刘玉卓. 公路工程软基处理［M］. 北京：人民交通出版社，2003.

［3］曾伟，刘润友，王新岐. 天津滨海软土路基综合处置技术实践［M］. 北京：人民交通出版社，2022.

［4］尹明泉，韩淑萍. 黄河三角洲地区软土的初步研究［J］. 山东地质，1993，9（2）：12-19.

［5］田洪水，肖俊华，赵淑慧，等. 黄河三角洲软土的特征及地基处理方法［J］. 山东建筑工程学院学报，2003，18（4）：24-27.

［6］任新红. 强夯法加固地基的机理探讨［J］. 路基工程. 2007（2）：106-107.

［7］吕秀杰，龚晓南. 强夯法施工参数的分析研究［J］. 岩土力学. 2006，27（9）：1628-1632.

［8］胡乃财. 强夯法加固地基的设计参数研究［D］. 济南：山东大学，2007.

［9］胡焕校，刘先. 夯击数和夯击能对强夯地基加固效果的研究探讨［J］. 岩土工程界，2007，10（9）：43-49.

［10］靳帅. 强夯加固理论探讨与工程应用研究［D］. 北京：中国地质大学，2007.

［11］彭朝晖，侯天顺. 强夯法及其在工程中的应用［J］. 建筑科学，2008（5）：78-81.

［12］刘汉龙，赵明华. 地基处理研究进展［J］. 土木工程学，2016，49（1）：96-115.

［13］王桂林，陈亚杰，赵衍杰，等. 东营港某炼化厂区强夯地基处理研究［J］. 山西建筑，2021，407（13）：67-68.

［14］梁永辉，王卫东，冯世进，等. 高填方机场湿陷性粉土地基处理现场试验研究［J］. 岩土工程学报，2022，44（6）：1027-1035.

［15］汪胜奇. 强夯法在高填方路基施工中的应用［J］. 山西建筑，2014，40（15）：153-154.